唐山科技馆免费开放运营模式研究

主　编　毛兴军
副主编　贺茂斌　任　鹏　王玥涵

科学技术文献出版社
SCIENTIFIC AND TECHNICAL DOCUMENTATION PRESS
·北京·

图书在版编目（CIP）数据

唐山科技馆免费开放运营模式研究 / 毛兴军主编;
贺茂斌, 任鹏, 王玥涵副主编. -- 北京: 科学技术文献
出版社, 2025.3. -- ISBN 978-7-5235-2333-9

Ⅰ. G322.722.3

中国国家版本馆 CIP 数据核字第 2025A9S205 号

唐山科技馆免费开放运营模式研究

策划编辑：张 丹 责任编辑：赵 斌 李 斌 责任校对：宋红梅 责任出版：张志平

出 版 者	科学技术文献出版社	
地 址	北京市复兴路15号 邮编 100038	
出 版 部	(010) 58882941，58882087（传真）	
发 行 部	(010) 58882868，58882870（传真）	
官 方 网 址	www.stdp.com.cn	
发 行 者	科学技术文献出版社发行 全国各地新华书店经销	
印 刷 者	北京厚诚则铭印刷科技有限公司	
版 次	2025 年 3 月第 1 版 2025 年 3 月第 1 次印刷	
开 本	710×1000 1/16	
字 数	198千	
印 张	13.75	
书 号	ISBN 978-7-5235-2333-9	
定 价	58.00元	

编委会

前言

自 2015 年全国科技馆免费开放政策开始实施以来，至 2023 年底已有 409 家科技馆向社会免费开放，带动了更多的公众走进科技馆，享受更多更好的科普公共服务，为丰富人民群众的精神文化生活，提升公众科学素质提供了支撑。

唐山科技馆是唐山市科协直属事业单位，是唐山市委、市政府为提高全民科学素质、普及科学知识、启迪青少年创新意识而建设的公益性科普教育场所。2019 年 7 月 18 日，唐山科技馆（新馆）正式开馆试运营，2020 年被纳入全国科技馆免费开放目录。新建成的科技馆建筑面积 41 000 平方米，其中常设展厅 17 000 余平方米，其规模居河北省第一，全国地级市前列。唐山科技馆率先在全国实施"政府财政拨款、科技馆监督管理、第三方社会化整体运营"的模式，为全国免费开放科技馆社会化运营提供了有益借鉴。

为了让更多公众和科技馆了解唐山科技馆运营模式，我们编写了《唐山科技馆免费开放运营模式研究》。本书基于大量的文献和调研成果，介绍了国内典型科技馆案例及唐山科技馆整体状况，对唐山科技馆运营模式进行了详细的阐述和分析，并提出对科技馆运营未来发展的思考，旨在为科技馆运营实践和研究者提供参考。

第一章，绪论。阐述了科技馆的内涵及作用，以及科技馆的历史与发展；介绍了科技馆免费开放的历程，探讨了国外科技馆免费开放经验及相关研究，对国内科技馆免费开放的相关研究进行了梳理和综述；对科技馆的运营模式及其相关研究进行了梳理、综述和分析，为唐山科技馆的免费开放运

营模式提供参考和借鉴。本章由贺茂斌、兰橙霞、任鹏编写。

第二章，国内典型科技馆运营案例。选取北京科学中心、山西省科学技术馆、黑龙江省科学技术馆和厦门科技馆作为案例，从组织建设、经费使用（或营业收入）、公共服务、运营模式方面梳理以上场馆的工作现状与成效，便于读者更加全面地了解国内典型科技馆的运营模式。本章由贺茂斌、安虹璇、兰橙霞、李思錡编写。

第三章，唐山市科普工作概况。首先介绍唐山市概况，涵盖唐山市自然资源、人口与经济、科技与文旅等情况。在此基础上，介绍唐山市科普工作情况，重点阐述唐山市公民科学素质状况和全域科普改革创新情况。本章由贺茂斌、兰橙霞、李思錡、王玥涵编写。

第四章，唐山科技馆基本情况。分别介绍了唐山科技馆老馆与新馆基本情况。包括老馆的建设历程、展览布局、常设展览、运营情况、运营效果，以及新馆的管理机制、机构设置、展厅布局、展品展项、运营效果。通过对以上内容的梳理，更完整地展现唐山科技馆的发展历程与战略布局。本章由毛兴军、贺茂斌、任鹏、李思錡编写。

第五章，唐山科技馆整体社会化运营模式分析。从科技馆运营服务内容、整体运营服务目标及要求、选择供应商、考核评价、运营模式及发展建议5个方面梳理了唐山科技馆的运营情况，总结凝练了"政府财政拨款、科技馆监督管理、第三方社会化整体运营"的科技馆运营"唐山模式"，分析了该模式的优势，对其未来发展提出了建议。本章由毛兴军、贺茂斌编写。

第六章，唐山科技馆整体社会化运营全流程详解。唐山科技馆整体社会化运营经历了选题构思、工程立项、内容设计、建筑空间规划、形式设计、工程委托与招标、布展、监理、验收、审计、决算、评估、监督和考核、经验总结与分析14个环节。本章详细阐述了每个环节的内涵、流程、基本原则、注意事项、第三方的作用等内容。本章由贺茂斌编写。

第七章，唐山科技馆社会化运营效果评价。对唐山科技馆运营效果评价的方法进行归纳，并从运营模式优势、不足、机会、威胁4个方面展开SWOT分析，最后提出相应战略制定建议。本章由贺茂斌、兰橙霞编写。

第八章，新时期科技馆高质量发展的探索。本章基于新发展阶段科技馆

运营的需求变化，提出科技馆应创新运营机制，并提高主动服务意识。本章由毛兴军、贺茂斌编写。

　　第九章，结论与展望。本章总结本书的内容，并从制度建设、资源协同、特色展品展项开发、科普活动设计、信息化建设、学术研究与服务观众等方面提出展望。本章由贺茂斌编写。

　　全书由毛兴军统稿。

CONTENTS

目　录

第1章
绪　论

一、科技馆发展概况

（一）科技馆的内涵及作用

科技馆（science and technology museum）在国外一般是指科学技术博物馆，我国通常使用"科学技术中心"（science and technology center）的概念表示以展示教育为主要展陈方式的科技博物馆。

关于科技馆的定义，莫扬等从受众的角度认为科技馆是以科普展教为主要形式，向公众普及科学文化知识，引导公众了解科学成果，关注科学漫长的发展历程，从而使他们热爱科学，提高科学素养，提升我国公民对科学技术知识认识程度的重要场馆[1]。朱效民从传播学角度审视科技馆的大众传媒特性，认为大众传播是科技馆活动的主要方式，科技馆的教育是大众传播的一种功能的体现。作为大众传媒的科技馆是传播机构和传播工作者通过媒介对大众进行传播活动的场所[2]。

2007年7月，建设部、国家发展改革委正式颁布了由中国科协组织相关部门编制的《科学技术馆建设标准》（建标101—2007）[3]。《科学技术馆建设标准》指出，科技馆是政府和社会开展科学技术普及工作、为全体社会成员提供公共科普服务的公益性展览教育机构，是实施科教兴国战略、人才强国战略和可持续发展战略的基础性设施。实施观众可参与的互动性科普展览、教育活动是科技馆的核心功能。科技馆按照建设规模分成特大型、大型、中型、小型4类。建筑面积30 000平方米以上的为特大型馆，建筑面积15 000~30 000

平方米的为大型馆，建筑面积 8 000 ～ 15 000 平方米的为中型馆，建筑面积 8 000 平方米及以下的为小型馆。

科技馆作为向公众普及科学技术知识的重要场所，在科学普及、科学教育、学术交流、创新实践、休闲娱乐及社会服务等多个方面都发挥着重要的作用。科技馆不仅展示展品，还开展各种群众性、社会性的科普活动，通过多样化的展览和活动，满足公众适应现代社会科技发展和提升生活质量的需求，在提升公众科学素质、促进科学文化传播和创新文化发展方面发挥着越来越重要的作用，这些作用不仅体现了科技馆的社会价值，也为公众提供了更多了解科技、参与科技的机会。它是公众接触科学、了解科学、热爱科学的重要场所，也是推动科学发展和社会进步的重要力量。

（二）科技馆的历史与发展

科技馆是博物馆大家族中的一个重要分支，而博物馆的起源可以追溯到古希腊。托勒密王朝在古埃及建立了亚历山大博学园，用于收藏有关天文学、医学和文化艺术的藏品，以及作家和诗人的手稿，这是最早的博物馆雏形。收集和保护藏品、基于藏品进行研究是博物馆最初的基本功能。自 18 世纪以来，博物馆开始向社会公众开放，利用藏品展览向社会传播知识，这赋予了博物馆新的功能——教育。随着科学技术的发展，原来用于收藏文化藏品的场馆也开始陈列展示当时最新的科技产品。因此，逐渐分化出专门用于展示科技相关物品的场所，这就是最初的科技类博物馆。科技类博物馆同样经历了类似的发展历程，其教育功能不断得到强化[4]。

1903 年筹建的德意志博物馆是当代科技馆的萌芽，该馆通过让观众自己操作展品，了解自然界的各种现象和客观规律[5]。20 世纪初，科技类博物馆开始积极倡导观众动手操作和实际参与，通过互动性展品促进观众对科学的探索和学习，逐渐展现出与其他类型博物馆明显不同的特征。被誉为"科学中心创始人"的弗兰克·奥本海默（Frank Oppenheimer）[6]在其科学技术馆的理论基础上，建成了世界著名的旧金山探索馆。通过演变，科技馆不仅成了公众获取科技知识的重要平台，还在培养科学兴趣、激发创新思维方面发挥了不可替代的作用。科技馆通过丰富多样的展览和互动活动，促进了公众

对科学的理解和认知，成为现代社会中不可或缺的教育资源。

20 世纪 60 年代以后，一些发达国家的现代化科技馆陆续建成，这些场馆的建立，改变了科技馆以藏品为主的格局，转而让观众参与科学、体验科学，自己动手发现有趣的科学现象，探索其中的规律，从而学习和掌握科学知识。

我国科技馆的历史发展时间不长，1949 年之前，我国并没有严格意义上的科技馆，只有为数不多的博物馆。清朝光绪年间由张謇创建的南通博物苑被认为是我国的第一座博物馆，它陈列自然、历史、美术、教育及部分文物标本。1932 年建成的青岛水族馆应属我国科技类博物馆的雏形，被蔡元培先生誉为"吾国第一"。改革开放以来，我国掀起了科技馆建设的高潮，1988 年 9 月 22 日，中国科学技术馆一期工程建成并正式开馆，这标志着神州大地出现了第一座现代意义上的科技馆，各省也纷纷建设科技馆，截至 2022 年，我国已建成的科技馆达到 694 个[7]，规模和数量已经走在了世界前列。在科技馆数量、规模不断扩大的同时，展陈主题日益丰富，展教能力和水平也不断提升。未来，科技馆将在科技创新和社会文化建设中继续发挥重要作用。

2012 年，中国科协提出建设中国特色现代科技馆体系。中国特色现代科技馆体系，是立足我国国情，以科技馆为龙头和依托，通过增强和整合科技馆的科普资源开发、集散、服务能力，统筹流动科技馆、科普大篷车、网络科技馆的建设与发展，并通过提供资源和技术服务，辐射带动其他基层公共科普服务设施和社会机构科普工作的开展，使公共科普服务覆盖全国各地区、各阶层人群，具有世界一流辐射能力和覆盖能力的公共科普文化服务体系[8]。2021 年 12 月，中国科协发布《现代科技馆体系发展"十四五"规划（2021—2025 年）》，提出按照"省域统筹政策与资源、市域集散调配资源、县域组织落实"的发展思路构建省级科技馆体系，形成全国科技馆体系的发展合力[9]。

二、科技馆免费开放及其相关研究

（一）我国科技馆免费开放的历程

2015 年 3 月，中国科协、中央宣传部、财政部[10]联合印发《关于全国

科技馆免费开放的通知》（科协发普字〔2015〕20号），这拉开了我国科技馆免费开放的序幕。

科技馆的免费开放引起了社会的广泛关注和广大公众的积极参与，显著降低了公众的科普教育成本，带动了更多的公众走进科技馆，了解和体验科技馆的展品展项，参与科技馆组织的活动，享受更多更好的科普公共服务。科技馆免费开放促进了中国特色现代科技馆体系建设和科普产业发展，丰富了科普产品，增强了国家科普能力，在一定程度上推动了我国科普事业和科普产业的协调发展，为营造良好的创新环境与创新生态作出了重要贡献，为建设世界科技强国奠定坚实的科学文化基础[11]。

科技馆免费开放得到了党和国家的大力支持，《全民科学素质行动规划纲要（2021—2035年）》[12]等相关文件都对加强现代科技馆体系建设提出了明确要求，有力支撑了科技馆免费开放事业发展。国家通过财政补助的形式支持科技馆的运营，弥补门票收入的减少。到2023年底，全国已经有9批共409家科技馆向社会免费开放，如图1-1所示[13]。同时，政府倡导社会力量参与科技馆的建设和运营，通过社会捐助、企业赞助等多种形式，支持科技馆的发展。

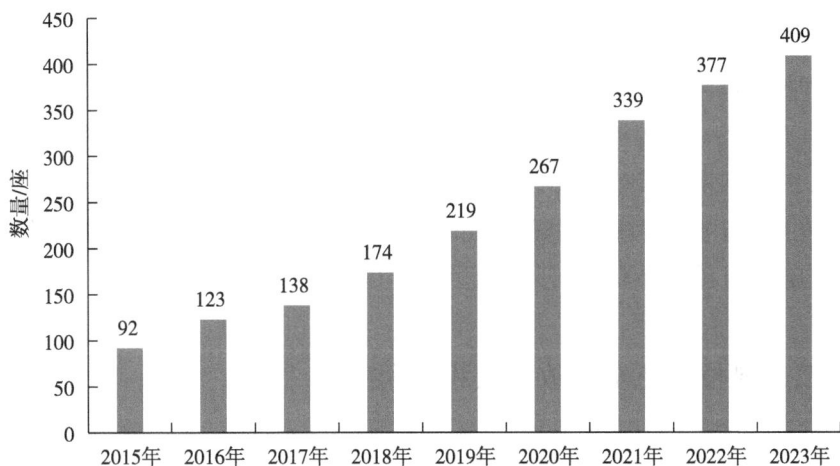

图1-1　2015—2023年全国免费开放科技馆数量

（二）国外科技馆免费开放经验及相关研究

国外许多国家的科技馆也实行了免费开放政策，并取得了显著的社会效益。英国科学博物馆于 2001 年实行全面免费开放政策，政府通过财政拨款和社会捐助支持其运营，免费开放后，参观人数大幅增加，公众对科学的兴趣和参与度显著提升。美国史密森尼学会旗下的多个博物馆，包括国家自然历史博物馆，长期实行免费开放政策。政府提供充足的财政支持，同时通过与企业合作、开发纪念品等方式筹集资金，确保运营的可持续性。法国巴黎科学工业城实行部分免费开放政策，政府通过财政支持和社会捐助相结合的方式，保证科技馆的正常运营。免费开放的展览和活动吸引了大量游客，促进了科学文化的传播。

危怀安等[14]通过考察美国、英国、澳大利亚、加拿大等国家部分著名科技馆的官方网站，整理并提炼这些著名科技馆的免费开放政策及实践举措。文素婷等[15]通过综述部分国际学者的文献，梳理了学者们对科技馆免费开放政策和公共资金对科技馆的支持等建议。武育芝等[16]从差异收费与有限免费相结合、多元主体合作、科研工作专业化、展教服务社会化等方面梳理了发达国家一些科技馆免费开放的经验。

通过梳理一些主要国家科技馆免费开放模式及其成功经验，可以总结出以下几点启示：第一，多渠道资金支持。政府财政支持是免费开放的基础，同时通过社会捐助和商业合作，形成多渠道资金来源，确保科技馆的可持续运营。第二，丰富的科普活动。免费开放不仅限于展览，还结合丰富多样的科普活动，提升观众的参与感和满意度。英国科学博物馆通过定期举办科学节和互动实验，吸引了大量观众。第三，政策保障。政府出台相关政策文件，明确科技馆的免费开放要求和支持措施，确保政策的有效实施。第四，社会效益评估。定期进行社会效益评估，了解免费开放对公众科学素养和社会文化的影响，不断改进和优化运营模式。

（三）国内科技馆免费开放相关研究

国内科技馆免费开放相关研究可以归纳为科技馆免费开放的实践探索、评估评价及政策建议等方面。

实践探索研究方面，黄卉[17]探讨了免费开放政策下科技馆工作的发展规律，分析了科技馆建设发展的新趋势、新方向。廖红等[18]通过对 2019 年免费开放的 219 家科技馆运营数据进行分析，认为免费开放科技馆服务效果及财政经费使用效益总体良好，提升了我国科普基础设施的公共服务能力，促进了科普的公平普惠。任福君等[19]通过对 2019 年免费开放的 219 家科技馆的相关数据，结合问卷调查，开展科技馆科普影响力现状多源数据融合分析，探究了中国公众的科普爱好及其影响因素。研究发现：公众对与生活实践密切相关的科学知识及方法的兴趣度较高，科技馆的展示环境、内容和服务等软硬件设施是公众关注的重点，重大政策发布时间节点前后公众前往科技馆参观的意愿较强，可认为政策是影响免费开放科技馆即时性传播效果的重要要素。

在评估评价研究方面，黄曼等[20]构建了免费开放科技馆观众满意度测评指标体系，研究发现免费开放科技馆的服务条件和内容是提高观众满意度的核心因素。应桢[21]和张楠楠等[22]分别分析了科技馆绩效评价体系和评价因素，针对科技馆绩效考核提出了建议。任福君[11, 23]提出了科技馆免费开放评估的总体设想、具体内容、评估角度和评估方法，设计了适应不同主体和要求的科技馆免费开放评估指标体系，可以为免费开放科技馆绩效评估提供参考。

在科技馆免费开放政策建议方面，齐欣[24]分析了 92 家科技馆免费开放的基本情况，分析了科技馆免费开放对科技馆事业发展的挑战，提出了建立多元经费筹措机制、加强展教资源研发与创新、加强专兼职人才队伍建设等方面的建议。夏婷等[25]从完善政策体系、明确免费开放补助资金使用导向和管理办法等方面提出了建议。任鹏[26]对科技馆免费开放宣传中仍然存在的问题和成因进行了分析，提出了在新时代加强科技馆免费开放宣传工作、充分发挥科技馆免费开放作用的一些意见和建议。

三、科技馆运营模式

在知识经济时代，科技馆作为提升公众科学素养和城市文化层次的关键场所，其运营模式的创新显得尤为关键。随着科技的迅猛发展和经济水平的提升，科技馆亟须突破传统运营模式，实现更开放、更综合的发展。免费开放政策吸引了大量观众进入科技馆，但也可能导致收入减少，进而影响科技馆的可持续发展[27]。如何平衡免费开放与可持续发展之间的关系，如何在有限的资源下实现科技馆的创新和突破，成了科技馆管理者和决策者亟待解决的问题。

在这一背景下，对科技馆运营模式的研究显得尤为重要。本节将围绕3 个核心议题展开探讨：首先是科技馆运营模式的相关研究，其次是科技馆运营资金的来源方式，探讨如何通过多元化的资金筹措渠道保障科技馆的可持续发展，最后是对科技馆运营模式的总结。

（一）科技馆运营模式相关研究

围绕科技馆运营模式的相关研究涉及多种视角，具体包括：运营模式及科技馆运营模式的概念界定，科技馆运营模式的研究，以及博物馆、图书馆等运营模式的研究等方面。

运营模式一般是指以经济收益为目标，通过项目选择、资金投入和执行管理等方式来实现企业盈利的经济模式，是一个企业内部人财物等各种因素的结合方式。由于企业涉足的领域不同，产品打造和业务设置也不同，因此运营模式的表征也有很大差异。权子杰[28]认为科技馆是从满足参观者的需求出发，通过合理配置财务、技术、生产运营、市场营销和人力资源管理等 5个方面的资源，吸引参观者前来参观。并运用企业的营销理念，结合科技馆实际科学合理地实施运营和管理，突出科技馆科普属性、促进科学传播的同时收获经济效益。梁春花[29]以广西科技馆为分析对象，认为科技馆运营管理应坚持公益性原则，充分利用党和政府对科普事业的各项支持性政策，走政府扶持、社会资助、自身发展并举的路子。即科技馆运营经费以财政拨付为主，依托馆内资源，充分发挥科技馆作为科普教育主阵地的品牌效应，努力

争取社会资助，逐渐实现科技馆的科学发展和可持续发展。张宝兆[30]认为国内科技馆的运营管理具有建馆速度快、以政府财政拨款为主、企业逐渐成为展品研发主体，在展览方式上，以常设展览为主，多种科普方式相结合的特点。金婷婷[31]以宁波文化广场项目为例，认为运营资金主要来源于政府财政支出的基本费用，以及企业和公益性机构的赞助，文化应与经济相结合，成为双主导的经济模式。江翠[32]以四川科技馆为研究对象，提出科技馆运营要始终把为社会公众提供高质量高水准的科普服务作为科技馆工作的核心，运营管理科学化、科普展示精品化，与时俱进、不断创新，实现可持续科学发展。目前，国内大多数科技馆采用的传统事业单位运营管理模式已经难以适应市场经济的要求，存在着员工激励不足、资源配置不合理等问题。

关于科技馆运营模式的相关研究，张璐[33]指出，科技馆多是公益一类事业单位，在人员绩效考评上遵循一般事业单位的标准，分为优秀、合格、基本合格、不合格4个等次，科普绩效评估体系尚未有统一标准，其建立需动态调整以适应实施情况，以确保评价体系的科学性和合理性。章梅芳等[34]从经费筹措、资源共享、人才管理、评估监督等方面对不同管理模式下的中国科技类博物馆运营管理机制进行考察，发现我国科技类博物馆运营存在经费筹措与免费开放的困境、展品特色与资源共享不足、人才培养缺乏有效激励与价值认同及评估监督缺乏科学标准与合理方法等问题。吴海玲[35]建议科技馆需要完善融资渠道，包括政府投资、民间资本投入及结合文化教育产业、旅游产业和科普产业等方式拓展资金来源。科技馆需要在坚持公益性理念的基础上进行改革创新，学习先进的管理模式，并结合自身特点形成有效的运营模式[35]。

因此，科技馆需要探索更加灵活高效的运营管理模式。例如，通过引入社会资本和企业化管理，科技馆能够更好地整合资源并适应市场需求，从而提升其服务质量与社会效益。

在探索和实践科技馆企业化运营管理模式方面，重庆科技馆的做法具有一定的代表性。该馆自2010年起开始实行"事业单位监管+企业独立运营"的经营管理模式，通过建立以绩效考核为核心的企业化运营管理体制，实现了资源的合理配置和效率的显著提升[36]。企业主导的科技馆运营模式为科技

馆体系的发展注入了活力，推动了其多元化和市场化运作。企业和公民个人
兴办的科技馆让科技馆体系不断壮大，2000 年河北省建成全国首家民营科技
馆——河北正定县科技馆[37]，北京经济技术开发区（亦庄）鼓励有条件的企
业设立科技馆[38]，厦门科技馆管理有限公司将企业化运营的厦门科技馆建成
集科普文旅、科普展馆规划建设运营、科学教育为一体的科普产业平台。

　　科技馆的社会化协同机制显著提升了其运营效率和公共服务能力。莫小
丹等对当前多元主体参与科技馆运营管理的案例进行总结，其中最为突出的
是在坚持政府主体责任的前提下，引入社会资本和专业团队参与的模式。例
如，2022 年建成的泉州市科技馆（新馆），是全国首个采用政府和社会资本
合作（PPP）模式建设的科技馆，由专业公司负责运营，是政企合作提高运营
效率的有益尝试。深圳·红立方采用"总运营商+策展商"的运营模式，由
深圳市龙城文化发展有限公司作为运营机构，统筹管理包括科技馆、青少年
宫、公共艺术与城市规划馆在内的公共文化场馆群，实现公共文化资源配置
进一步向基层倾斜，公共文化服务效能显著提高[39]。

　　此外，博物馆、美术馆的运营模式也值得关注和借鉴。许以则[40]通过关
注国内外科技博物馆的现状，及世界科技博物馆的发展趋势，从管理体制、
运营经费筹建机制、人才使用机制、评估监督制度等方面阐述世界科技博物
馆的运营机制，并借鉴发达国家的先进理念与成功经验，分析影响国内科技
博物馆运营机制的关键问题，提出符合我国科技馆实况的对策建议。李潇[41]
认为美术馆作为城市中重要的公共文化空间类型，在机构运营实践中也呈现
出与之对应的 4 个趋势：由权力主导转向开放平台，由传统功能转向多元价
值重塑，空间边界不断拓展，带动城市文化生态整体发展。通过借鉴博物馆
和美术馆的运营机制研究，科技馆可以从两个方面获得启示：一是引入更具
活力的运营模式并借鉴发达国家的成功经验，二是应从传统的权力主导型转
向更开放的平台模式，通过多元价值重塑和扩展服务边界，促进科技馆与城
市文化生态的协同发展。

　　总体来说，在运营管理中，科技馆普遍面临绩效评估体系不健全、经费
和资源共享不足等问题。为了解决这些问题，企业化运营和市场机制逐渐被
引入，科技馆通过政府与社会资本合作、进行社会化运营及对国际经验的借

鉴，逐步形成了多元化的管理模式，在保持公益性质的同时实现了经济效益与社会效益的平衡。

（二）科技馆运营资金来源

根据相关文献资料和案例调查的结果，科技馆运营资金来源包括政府资助、社会捐助、商业合作、综合方式。

1.政府资助

政府资助是科技馆主要的资金来源，政府通过财政拨款支持科技馆的建设、维护和运营。这一方式在许多国家广泛应用，具有较高的稳定性和可靠性。稳定性体现在政府资助保证了科技馆的基本运营资金，减少了财政压力。同时，政府能够通过政策引导，促进科技馆的发展和改革。

政府资助具有公共服务属性，体现了科技馆作为公共文化服务机构的公益性质。但这种方式过度依赖政府财政，可能导致科技馆在资金不足时面临运营困难，政府资助的科技馆可能存在运营效率低下的问题。我国科技馆免费开放政策的实施得到了国家财政的有力支持；美国史密森尼学会的多个博物馆，包括国家自然历史博物馆，长期实行免费开放，依靠联邦政府的财政支持。

2.社会捐助

社会捐助是指通过社会团体、基金会、企业和个人的捐助，支持科技馆的运营和发展。这种方式在欧美国家较为普遍，通过多元化的资金来源，降低了单一资金来源的风险，增强了社会各界对科技馆的参与感和责任感，有效整合社会资源，提高科技馆的服务水平和社会影响力。但社会捐助具有不确定性，可能导致科技馆的资金来源不稳定。同时这种方式常面临管理挑战，需要高效的管理和透明的财务制度以确保捐助资金的合理使用。伦敦科学博物馆就是依靠社会各界的捐助进行大规模的展览更新和科学教育项目。法国巴黎科学工业城也是通过企业和社会团体的捐助，持续举办高质量的科学展览和活动。

3.商业合作

商业合作是指通过与企业合作，获得企业的赞助和资源支持。这种方式在现代科技馆运营中逐渐受到重视。通过商业合作，引入新的技术和资源，

提升科技馆的创新能力。同时借助企业的市场化运作经验，提高科技馆的管理水平和服务质量。商业合作可能导致科技馆的公益性受到影响。过度依赖企业，可能影响科技馆的独立性。纽约科学馆便是通过与科技公司合作，推出了一系列高科技互动展览，吸引了大量观众。与之类似的还有日本科学未来馆，该馆与多家科技企业合作，引入了最先进的科技展览和教育项目。

4.综合方式

综合方式是指结合政府资助、社会捐助和商业合作的多种方式，形成多元化的资金和资源支持体系，这种方式在全球范围内的科技馆运营中逐渐成为主流。通过多渠道筹集资金，降低了单一资金来源的风险，能够根据实际情况灵活调整运营策略，提高科技馆的适应能力，有助于科技馆实现可持续发展。但这一方式需要高效的管理和协调以确保各类资金和资源的合理使用。这仍然需要政府的政策支持和引导。例如，香港科学馆通过政府资助、社会捐助和商业合作的综合方式，实现了稳定运营和持续发展。新加坡科学馆采用多元化资金支持运营，在亚洲地区具有较高的影响力和知名度。

（三）科技馆的运营模式

国内外学者和科普工作者从不同角度对科技馆的运营管理模式进行了研究，根据文献资料和案例调查的结果，本文将其总结为自营模式、部分业务委托第三方运营公司模式、全部业务委托第三方运营公司模式、PPP模式。

1.自营模式

自营模式是指科技馆完全依靠自身的资源和能力进行运营管理，不依赖外部的第三方机构。这种模式下，科技馆需要自行负责展览策划、展品维护、市场营销、观众服务等所有运营活动。自营模式有利于保持科技馆的独立性和自主性，但同时也要求科技馆具备较高的管理能力和充足的运营资金。

2.部分业务委托第三方运营公司模式

在这种模式下，科技馆将其部分业务，如展览维护、物业服务等，委托给专业的第三方运营公司来执行，而核心的展览策划和观众服务等则由科技馆自行管理。这种模式可以充分利用第三方公司的专业性和灵活性，降低运

营成本，提高服务质量。例如，南通国邦科技发展有限公司采购海门科技馆第三方运营项目，预算金额为 760 万元/年，通过公开招标的方式选择合适的运营公司[42]。

3.全部业务委托第三方运营公司模式

全部业务委托模式是指科技馆将其所有运营管理业务都外包给第三方运营公司，科技馆本身则主要负责监督和评估工作。这种模式适用于那些缺乏专业运营能力的科技馆，或者希望专注于展览内容开发而将日常运营管理交由专业团队的科技馆。例如，襄阳科技馆采用"事业+市场"运营模式，聘请有经验的专业运营管理公司提供展厅运营和后勤保障服务，通过引入市场化专业力量，提升公共文化服务水平[43]。

4.PPP模式

PPP（public-private partnership）模式是指政府与私人企业合作，共同投资、建设和运营科技馆。在这种模式下，政府提供政策支持和部分资金，而私人企业则负责项目的具体实施和运营管理。PPP 模式可以有效缓解政府的财政压力，同时引入私人企业的创新和效率，实现公共利益和商业利益的双赢。例如，泉州市科技馆新馆是国内第一座以 PPP 模式建设运营的智慧科技馆，资金规模约 6.5 亿元，由日海智能科技股份有限公司投入最前沿的 AIoT（人工智能物联网）应用技术，实现全场馆的智能化运营管理[44]。

第 2 章
国内典型科技馆运营案例

一、北京科学中心

北京科学中心位于北京市西城区北辰路 9 号院，于 2014 年筹建，立足北京实际情况，致力于建设国际一流的科技创新中心。中心由 1 号楼（特效影院）、2 号楼（"三生"主题馆）、3 号楼（主要用于科技教育、行政办公）、4 号楼（儿童乐园）4 栋独立建筑组成，占地面积 5.7 万平方米，建筑面积约 4.35 万平方米，展览展示面积近 1.9 万平方米，是一座面向公众的大型科技场馆。

北京科学中心紧密围绕北京作为中华人民共和国首都和全国政治中心、文化中心、国际交往中心及科技创新中心的战略定位，顺应世界科技场馆的发展需求，建设与北京城市发展战略地位相匹配的科普新地标。其运营以核心组织为主导，通过区域分中心和特色分中心的建设，试点推广与逐步完善，资源整合与社会动员等方式，构建一个综合科学传播的体系，为北京地区的科学普及和教育提供全方位的支持和服务。

（一）组织建设

1.职能架构

北京科学中心是北京市科协所属财政全额拨款事业单位，内设部门共 16 个，分别为行政办公室、党群工作部、人力资源部、财务资产部、后勤保障部、安全保卫部、规划研究部、科学教育部、科创展示部、交流合作部、数

字信息部、策展开发部、观众服务部、品牌发展部、青少年科教研究部、青少年科教活动部[①]，如图2-1所示。

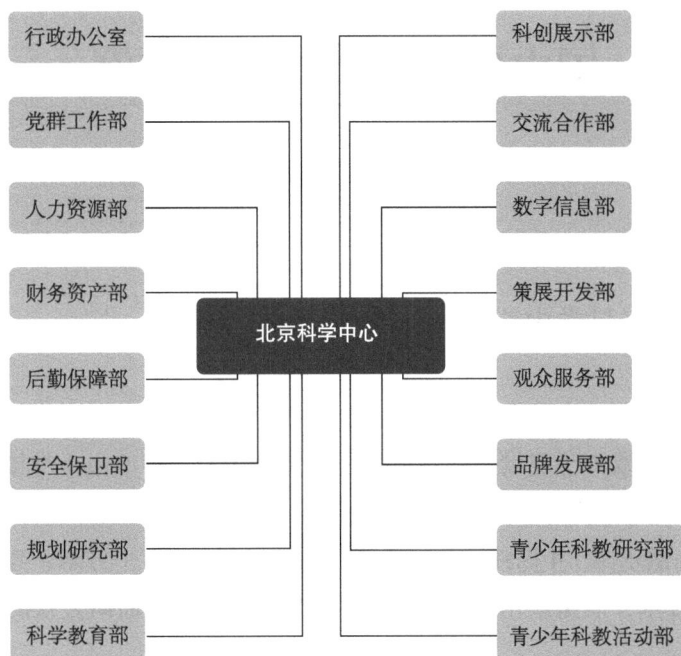

图2-1　北京科学中心职能架构

2.制度建设

北京科学中心围绕科技馆管理、人员管理及安全管理等方面制定了全面的管理办法，包括：公文制发管理办法、印章管理办法、会议管理办法、公文流转实施细则、保密工作管理办法、宣传工作管理办法、党支部工作制度、意识形态工作责任制（暂行）、展览教育活动管理办法（暂行）、分中心实验室管理办法（暂行）、观众服务部管理制度（拟）、计算机网络管理办法、信息化机房管理制度、网络安全运营管理制度、信息员管理办法（试行）、办公区域管理制度、办公用品管理制度、场馆设备设施管理制度、高低压配

①　北京科学中心.组织架构［EB/OL］.［2024-07-16］.https：//www.bjsc.net.cn/#/library/zzjg.

电室管理制度、施工管理规定、环境卫生管理制度、科教专区管理制度、会议服务安排管理制度、空调机房管理制度、库房管理制度、绿化工作管理制度、燃气锅炉房管理制度、办公用房管理制度、租赁用车管理制度、消防安全管理规定、内部治安保卫工作规定、宿舍安全管理规定、施工安全管理规定、停车场安全管理规定、监控室管理规定、职工临时餐厅管理办法、场馆安全巡视制度、安检管理办法、馆区出入管理办法。

此外，北京科学中心对预算管理、收支管理、采购管理、资产管理、合同管理和基建项目等六大业务相关的流程和部门职责进行了明确，提出重要风险点的控制措施，对涉及的关键岗位职责、人事管理、重大决策、内部监督与评价等单位层面控制进行整理和完善，现已初步形成《北京科学中心内部控制手册（试行）》。

3.资源协同

北京科学中心通过"1+16+N"科学传播体系，以首都科技创新中心为参照，以优化整合北京地区科普基础设施资源为基础，动员社会力量参与科学传播，建立综合科学传播、资源协调、研发集散、服务管理一体化的北京科学中心体系，构建具有一流辐射和覆盖能力的科学传播公共服务平台。

北京科学中心体系由 3 部分组成，即"1+16+N"。

北京科学中心（1）：作为整个体系的核心，负责规划发展、资源整合、机制完善、培训交流、标准制定、考核评价等。

北京科学中心区域分中心（16）：在北京市 16 个区建设具有明确主题和地域特色、面向青少年和公众的综合性科普场馆，作为本区域科学传播中心和社会性、群众性、常态化科普活动的主要平台，以及本区域科普场馆建设发展的主导力量。

北京科学中心特色分中心（N）：由高等院校、科研院所和企事业单位等面向社会开放的科研和科普设施组成，致力于普及科学知识、倡导科学方法、传播科学思想、弘扬科学精神。

北京科学中心体系以先行先试、逐步推进的方式展开。经过各区科协推荐、科普机构申报，由北京市科协领导、科普部门、北京科学中心组成的考察组对申报单位进行实地考察和材料审核，最终确定了首批 10 家科普机构为

北京科学中心分中心。其中,首批区域分中心包括"北京科学中心朝阳分中心""北京科学中心海淀分中心""北京科学中心房山分中心""北京科学中心延庆分中心""北京科学中心密云分中心""北京科学中心平谷分中心";首批特色分中心包括"北京科学中心天文观测体验中心""北京科学中心商飞航空科技展示中心""北京科学中心飞行跳伞体验中心""北京科学中心索尼探梦科技馆"。

此外,交流合作工作是北京科学中心重点工作之一,由中心交流合作部负责实施。主要内容包括:中心对外合作洽谈,科普资源的汇聚和整合;与国外科技场馆的互访和参观调研,国外临展引进;联络和加入国内外行业协会、组织和团体,参加相关会议;办理中心涉外事务,管理实施中心涉外合作项目;组织北京中外科技馆馆长对话会活动等。

专栏2-1　北京科学中心近年交流与活动

馆际交流

2020年6月11日,许昌市科协一行参观交流。

2020年9月23日,河南省科技馆一行参观交流。

2020年10月14日,南京市科协一行参观交流。

2022年8月25日,湖北省科学技术馆代表到北京科学中心调研。

2023年2月19日,滨州市科协代表到北京科学中心参观座谈。

2023年2月19日,洛阳市科协领导带队到北京科学中心调研座谈。

2023年3月3日,江西省科技馆代表到北京科学中心参观座谈。

2023年11月30日,湖北省科学技术馆代表到北京科学中心参观座谈。

港澳台交流

2019年6月24日,台湾经济科技社团代表到北京科学中心参观交流。

2019年8月8日,澳门科学馆一行到北京科学中心座谈交流。

2019年8月13日,京台青年科学家论坛科普教育分论坛在北京科学中心圆满举办。

2022年11月1日,澳门科学馆一行到北京科学中心参观交流。

国际交流

2019 年 2 月 25 日，与杜帕非洲公司代表座谈加纳科技馆合作事宜。

2019 年 3 月 14 日，北京科学中心能力建设系列活动之"美国 STEM 教育水下机器人教师培训"顺利完成。

2019 年 4 月 17 日，德国黑森州青少年科技研究中心代表到北京科学中心参观交流。

2019 年 6 月 19 日，意大利科学城代表参观调研北京科学中心。

2019 年 6 月 21 日，北京市科协代表赴丹麦、英国访问。

2019 年 7 月 21 日，南苏丹城市规划研修班学员到北京科学中心参观交流。

2019 年 10 月 23 日，巴基斯坦代表团到北京科学中心参观交流。

2024 年 3 月 6 日，日本科学未来馆代表到北京科学中心参观交流。

大型活动

2023 年 9 月 17 日，2023 北京国际科学传播交流周在北京开幕。

2023 年 9 月 18 日，北京国际城市科学节联盟年会暨第九届北京国际科学节圆桌会议在北京召开。

（二）经费使用

北京科学中心 2021 年、2022 年、2023 年经费使用情况分别如下：

北京科学中心 2021 年度收、支总计 11 778.39 万元，比上年增加 1198.80 万元，增长 11.33%。2021 年度收入合计 10 260.05 万元，比上年增加 276.29 万元，增长 2.77%，其中财政拨款收入 10 072.66 万元，占收入合计的 98.17%；其他收入 187.39 万元，占收入合计的 1.83%。2021 年度支出合计 10 107.39 万元，比上年增加 1332.64 万元，增长 15.19%，其中基本支出 6077.74 万元，占支出合计的 60.13%；项目支出 4029.65 万元，占支出合计的 39.87%。2021 年度一般公共预算财政拨款支出 9825.90 万元，主要用于以下方面（按大类）：教育支出 6.28 万元，占本年财政拨款支出 0.06%；科学技

术支出 9819.62 万元，占本年财政拨款支出 99.94%[1]。

北京科学中心 2022 年度收、支总计 13 548.92 万元，比上年增加 1770.53 万元，增长 15.03%。2022 年度本年收入合计 12 171.88 万元，比上年增加 1911.83 万元，增长 16.63%，其中财政拨款收入 11 928.82 万元，占收入合计的 98%；其他收入 243.06 万元，占收入合计的 2.00%。2022 年度本年支出合计 11 928.36 万元，比上年增加 1820.98 万元，增长 18.02%，其中基本支出 6582.43 万元，占支出合计的 55.18%；项目支出 5345.93 万元，占支出合计的 44.82%。2022 年度财政拨款收、支总计 13 172.4 万元，比上年增加 1694.1 万元，增长 14.76%，主要原因是事业单位改革，中共北京市委机构编制委员会办公室同意将北京青少年科技中心、北京科学中心整合，组建北京科学中心（北京青少年科技中心），本年预算安排人员经费增加，新增青少年科技活动经费。2022 年度一般公共预算财政拨款支出 11 713.44 万元，主要用于以下方面：科学技术支出 11 707.68 万元，占本年财政拨款支出 99.95%；教育支出 5.76 万元，占本年财政拨款支出 0.05%[2]。

北京科学中心 2023 年度收、支总计 13 964.95 万元，比上年增加 416.03 万元，增长 3.07%。2023 年度本年收入合计 12 693.12 万元，比上年增加 521.24 万元，增长 4.28%，主要原因是本年度统筹谋划中心科普业务工作，科普活动经费支出有所增加。2023 年度本年支出合计 13 409.06 万元，比上年增加 1480.70 万元，增长 12.41%，主要原因是本年公开招聘等新增人员导致人员经费较上年增加，以及统筹谋划中心科普业务工作，追加科普品牌活动经费及发展规划编制大纲设计项目经费，导致项目经费较上年增加。2023 年度财政拨款收、支总计 13 523.12 万元，比上年增加 350.72 万元，增长 2.26%。2023 年度一般公共预算财政拨款支出 13 170.12 万元，主要用于以下方面（按大类）：科学技术支出 13 166.62 万元，占本年财政拨款支出 99.97%；教育支

---

[1] 北京科学中心.北京科学中心 2021 年度决算公开［EB/OL］.［2024-07-16］.https：//www.bjsc.net.cn/#/article/8712.

[2] 北京科学中心.北京科学中心 2022 年度决算公开［EB/OL］.［2024-07-16］.https：//www.bjsc.net.cn/#/article/16094.

出 3.50 万元，占本年财政拨款支出 0.03%[①]。

此外，北京科学中心针对免费开放补助资金的使用制定了详细的预算，主要用于展品展项购置及更新、展厅更新、展教业务活动、流动科技馆、科普大篷车及展品维护。

（三）公共服务

1.基础设施及配套服务

北京科学中心提供自助取票机、共享充电宝、语音导览机租借、饮品零食等服务。此外，中心还提供讲解服务，包括讲解员讲解、红领巾少年讲解和老科技工作者讲解，在展厅出口处设有观众留言板与留言册。

2.功能区及展品展项

展览展示面积近 1.9 万平方米，分为"三生"主题展、儿童乐园、特效影院、首都科技创新成果展、科学广场、临时展厅、科技教育专区和首都科普剧场 8 个功能区。

"三生"主题展总面积达 6860 平方米，展出了 180 件展品，是北京科学中心科学传播的核心平台。展览分为 3 个主题展厅，即"生命乐章""生活追梦""生存对话"，旨在引导公众深度思考生命的意义、追求生活品质及生态和谐的关系。"生命乐章"展厅涵盖了传统生命知识和前沿科技研究，引导公众审视生命的珍贵价值，思考地球生物圈的和谐共存。"生活追梦"展区探讨与公众生活息息相关的出行、生活方式、健康和智慧生活等方面，传播"科学改善生活、科技引领未来"的理念。"生存对话"展厅围绕人与自然、资源和环境的关系展开，讲述生存现状，探索人类与自然之间的相互影响和作用，强调改善生存环境的紧迫性，并探讨可持续发展的有效途径。展览对 180 件展品进行了主题归纳，共分为 54 个展线，并提供相应的科学教育课程。这些课程以多种情境为背景，帮助孩子们更好地理解展品内容，提升学习的专注度。辅导员们将深入引导，帮助孩子们领悟其中蕴含的

---

① 北京科学中心.北京科学中心 2023 年度单位决算公开［EB/OL］.［2024-07-16］. https://www.bjsc.net.cn/#/article/19589.

科学思想和方法。

儿童乐园展览面积达 3820 平方米，分为"奇趣大自然""小小科学城""健康小主人""亲子活动区" 4 个展区，共展出 76 件展品。这个乐园旨在通过观察和体验激发小朋友对科学的兴趣。"奇趣大自然"区域打造了森林、湿地、雪山、沙漠和水流等自然场景，将动植物、矿物和天文等知识融入其中。"小小科学城"展示了力学、热学、声学和光学等基础科学的知识。"健康小主人"展区通过各种体验方式，让小朋友认识到身体健康的重要性。"亲子活动区"提供了各种有趣的体验活动，家长和孩子可以一同参与。

特效影院面积为 650 平方米，提供多种类型的科学教育影片。影院可容纳 350 人，其中还设有无障碍席位，以满足各类观众的需求。目前，特效影院正推出一系列科学影片：《从地球到宇宙》《宏伟梦想》《回到月球》《看见的奥秘》《太空探索》《探秘宇宙》《小老鼠与月亮》《星球动力》《座头鲸》。

首都科技创新成果展的展览面积达 1150 平方米，主要展示前沿科技和创新成果，并深度挖掘科研历程和创新过程。通过叙述思想方法和精神传承的故事，激励、引导、影响和启发观众。

科学广场总面积达 2800 平方米，包含科普展品和户外气象站，用于科普展示、公众休闲及功能区扩展，并设置互动展项设施，充分展现科学性、艺术性、休闲性。

临时展厅设有 2 个独立的展区，总面积为 1390 平方米，向公众传递最新的科技信息，聚焦热点问题，迅速反映国内外科技发展的最新动态及展示各行业的主题展览。

科教专区紧密围绕"建设世界一流科学中心"核心任务，汇聚国内外一流机构和名师资源，重点开展"科学思想与方法"的学术研究、示范教学、名师培养、成果转化、资源传播等方面的系统建设，为北京建设全球科技创新中心提供有力支撑。

首都科普剧场联合首都地区科普和文化企业、机构、院校，合作打造集创作、表演、培训、管理于一体的"非实体、联盟式"的首都科普剧团。

3.科普教育服务

北京科学中心开发了一系列丰富的科普活动，为各个年龄段的参与者提供丰富多样的科学体验和知识交流的机会。科普活动包括线上与线下 2 种形式，同时注重推动科普的品牌化建设，如表 2-1 所示。

表 2-1 　 北京科学中心科普教育服务活动

类型			活动内容
科普教育	线上		科学三分半
			萌科讲科学
			科技创新小达人
			英才学堂
			首都科学讲堂
			AI 科学
			跨年科普系列活动
	线下	固定	红领巾讲科学
			科学咖啡馆
			四点钟开讲
			辅导员培训
			名师工作室
			小球大世界
			科学时光趴
			北京科学嘉年华
			首都科普剧团
		流动	场馆科学课
			北京流动科技馆
			院士专家讲科学
			老年科技大学
			青少年高校科学营北京营
			北京青少年科技后备人才早期培养计划

续表

类型	活动内容
科技竞赛	北京科学传播大赛
	青少年科学影像节
	北京青少年科技创新大赛
	全国青年科普创新实验暨作品大赛
	北京青少年创客国际交流活动
	青少年科学调查体验活动

（1）线上科普教育

① 科学三分半。北京科学中心推出的系列展项辅导微视频，主要涉及生命、生活和生存主题。微视频选择了贴近日常生活的热门话题，简短精悍，内容紧凑，充满趣味。

② 萌科讲科学。线上原创科普栏目，以有趣的语言、通俗易懂的文字及简短的科普视频为传播手段，为公众提供科学、权威、准确的科普内容和资讯。通过解释生活中各种现象背后的科学原理，提高公众的科学文化素养。

③ 科技创新小达人。为全面落实《北京市全民科学素质行动规划纲要（2021—2035年）》文件精神而创作的科普动漫情景剧。由北京市科协和北京广播电视台联合推出，北京科学中心、卡酷少儿卫视联合制作，致力于融合科学知识和娱乐，为广大观众提供寓教于乐、融学于趣、化教于心的节目内容。

④ 英才学堂。整合北京市知名高校和市科协系统的优质科普课程资源，打造青少年提供在线学习平台，为其科研实践提供扎实的基础知识支持。

⑤ 首都科学讲堂。自2007年起举办，以"科技改变生活·创新引领未来"为主题，以强化价值引领为核心，专注于当今科学热点话题，采用科学家主题演讲形式，通过媒体联动传播，推出融媒体产品，充分利用首都专家资源优势，将演讲、论坛、专访等形式相融合，打造具有公益性质和鲜明特色的全民科普活动。

⑥ AI 科学。以科普阅读为主要形式的科学教育活动，融合科技与文化，旨在培养青少年的科学思维和阅读素养。

⑦ 跨年科普系列活动。进一步强化主题化科普、社会化组织、网络化传播，推动构建高质量发展的首都科普生态。

（2）线下科普教育

北京科学中心推出的线下科普教育主要包括固定场所和流动场所 2 种类型，其中以固定场所为主的科普教育包括：

① 红领巾讲科学。中心推出的品牌活动，为青少年提供学习科学、展示自我的平台。以"三生"主展馆为基地，对适龄青少年进行语言表达、礼仪形态、展品讲解等方面的系统培训，使他们深入了解展品所表达的科学知识和原理，领悟其中蕴含的科学思想和科学精神。经过培训，青少年们将所学的科学知识内化，并能够将其向前来参观的公众进行讲解介绍，重点培养青少年的科学思维、科学表达能力和社会责任感。

② 科学咖啡馆。将科学与艺术、科学与生活有机结合的科普沙龙活动，旨在为受众提供与科学领域专家面对面交流的平台。

③ 四点钟开讲。通过长期系统培训来提升员工的素质，以此推动科学中心工作的全面提升。

④ 辅导员培训。为加强辅导员培训工作，北京科学中心和北京青少年科技中心邀请"卡林加奖"获得者中国科技馆原馆长李象益、北京师范大学李亦菲、国家自然博物馆金淼、北京理工大学刘峡壁、中国教育科学研究院刘志刚，以及一线优秀科技教师，开展主题培训和经验分享。

⑤ 名师工作室。为推动"双进"助力"双减"落地落实，加快构建良好的基础学科青少年科技创新人才培育环境，中心发展横向拓展与纵向延伸，大力推进基础学科名师工作室建设，以课后服务课程建设为抓手，全面提高学生综合素质。

⑥ 小球大世界。利用计算机和投影技术，将行星数据、大气风暴、气候变化、海洋温度等动画图像呈现在一个巨大的球体上，以直观的方式展示给公众。在黑暗的环境中，观众仿佛置身于太空中，透过巨大的球体看到悬挂的地球，增进对地球的认知，促进公众知识传播，激发对天文与地球科学的

兴趣，唤醒公众保护地球的意识。

⑦ 科学时光趴。活动包含一系列规模宏大的线下科普活动，旨在让科学走向公众。汇集了权威有趣的科学大咖讲座、寓教于乐的节目表演、轻松愉快的游戏互动及震撼的视听效果，为公众带来一场场知识丰富、趣味盎然、效果震撼的科学盛宴。

⑧ 北京科学嘉年华。通过广泛发动首都地区的科技场馆、学校、科研院所、企事业单位等，开展主题科普活动，为公众提供了学习、体验和感受科学的绝佳机会。

⑨ 首都科普剧团。以"非实体、联盟式、平台型"为特色，旨在构建精品科普剧的开放式激励平台，为从事科普剧编创开发、文化创意、科学传播、表演创作、推广的单位和个人提供服务。

（3）以流动场所为主的科普教育活动

① 场馆科学课。"三生"主题场馆科学课致力于向青少年传播科学思想和方法，以深度挖掘展览资源的教育内涵为基础，结合中小学科学课标，开发了一系列集展项体验、探究实验、游戏互动为一体的主题化课程。这些课程深入诠释了"生命·生活·生存"主题，是北京科学中心特色展教活动的重要组成部分。科学课常年面向青少年开展，并通过"科技实践活动进校园""共建学生社团"等形式，向中小学校提供优质科学教育课程服务。

② 北京流动科技馆。其展示内容涵盖数学、物理，以及身边的科学等多个学科领域，展团采用便于拆卸和运输、可模块化定制的展具，使展览能够方便地进入学校、乡镇和社区，每站展览面积不低于 200 平方米，并可根据需要进行菜单式定制。展览内容新颖独特、科普性强、互动性强。此外，配套讲解培训将展示基础科学原理、普及先进科技思想、培养底层科学思维、营造浓厚的科普氛围。

③ 院士专家讲科学。基于北京市科协致力于将科学家精神融入青少年科技教育而推出的科学传播品牌项目。自 2019 年起，项目组邀请了 43 位两院院士和 169 位专家进行演讲，累计受众达 1.3 亿人次。活动受到社会各界广泛关注和喜爱，曾荣获"首都未成年人思想道德建设创新案例"奖项，并入选"见

字如面·对话未来"云端科学课等。2021 至 2022 年，项目组还出版了《遇见科学》系列丛书，并将其列入中国科协"书香科协"优秀图书推荐目录。

④ 老年科技大学。致力于建设科技特色老年教育平台，为老年人学习科技提供场所。以提升老年人科学素质、信息素养和健康素养为主要目标，推动老年人继续教育，服务老年群体。

⑤ 青少年高校科学营北京营。由北京市科协和北京市教委牵头组织，得到高校、科研院所、科技企业等的支持。每年暑期组织 2000 多名对科学探究有浓厚兴趣的优秀高中生参加为期一周的科技与文化交流活动。学生将有机会参观国家重点实验室和企业研发中心，聆听专家报告，参加科学探究和趣味文体活动，旨在充分利用科研单位和企业的科技教育资源，让青少年了解其在国家经济发展和国防建设中的重要作用，培养他们对科学研究的兴趣，增进不同地区、不同民族青少年间的友谊。

⑥ 北京青少年科技后备人才早期培养计划。已实施 20 多年，参与高校和科研院所重点实验室有 120 多家，指导教师有 160 多人，培训学生近 4000 人。旨在让有志于科学探索的青少年在科学家的指导下进行科学实践，为北京建设高水平人才高地贡献力量。

（4）科技竞赛

此外，北京科学中心还推动开展或承办一系列科技竞赛活动，在全社会营造科学风尚，助力科技人才队伍建设，主要包括以下内容：

① 北京科学传播大赛。坚持以首都特色为基础，高点定位，致力于构建完善的体系。其核心理念是"创意创新，更高更强"，通过比赛促进培训、学习、应用和人才培养。推动首都地区科学传播基础建设，促进其高质量、高水平发展，同时为塑造"首都科普"新形象作出贡献。

② 青少年科学影像节。将知识性、科学性和趣味性相结合，鼓励年轻人探索科学世界、体验媒介技术，并展示他们的实践成果。青少年可体验和掌握科学探究的方法和过程，进一步培养科学兴趣，促进科学影像类科普资源的创作与推广。

③ 北京青少年科技创新大赛。具有 40 多年历史的综合性科技竞赛，旨在

为在校中小学生提供一个展示和交流科技成果的平台，引导青少年感受科技进步给人类带来的美好生活，激发其追求科学梦想的热情。

④ 全国青年科普创新实验暨作品大赛。由中国科协主办，旨在动员和激励广大学生参与科普创作，扩大科普活动的社会影响力，促进科学思想、科学精神、科学方法和科学知识的传播和普及，考察青少年解决问题、动手实践的能力。

⑤ 北京青少年创客国际交流活动。是由北京市科协和市教委联合主办的科技创新活动，旨在激发广大青少年的好奇心和想象力，培养其科学思维、创新精神和实践能力。活动积极倡导创新与实践相结合，发挥劳动教育的综合育人功能，促进中小学创意与实践交流，探索"科技＋实践"劳动教育新模式。

⑥ 青少年科学调查体验活动。注重普及性和参与性的青少年科学类综合实践活动。通过一项简单的科学调查和探究，帮助学生体验科学研究的方法，鼓励他们关注身边的科学问题，激发他们的科学兴趣，提高他们的实践能力，培养他们的低碳和节约生活习惯，结合校内外科学教育，促进青少年身心智等全面健康发展。

4.信息化建设服务

北京科学中心构建了一个融媒体宣传矩阵，依托官网、微信公众号、学习强国号、百家号、今日头条号、人民号、科普中国、抖音、斗鱼、好看、虎牙、科普中国、B站、微博、腾讯视频、西瓜、喜马拉雅、一直播等平台，展开多维度的科学传播，如图2-2所示。中心宣传推广覆盖了14家媒体渠道，其中包括1家传统媒体和13家互联网新媒体，覆盖面涵盖不同年龄、不同层次的用户群体。专人负责维护北京科学中心的粉丝社群，并定期举行社群活动。

本馆信息
参观服务
展览展示
官网 ── 科学课堂
科普活动
科技竞赛
交流合作
党群园地

精彩推荐
强国号 ── 科普新知
科教动态
科学精神

萌科小课堂
2024科学跨年活动
展览新知 ── 中国深度主题展
科学家精神主题展
更多展览

首都科学讲堂
场馆科学课
北京科学中心平台内容 ── 微信公众号 ── 课程活动 ── 科普活动
科技竞赛
科学课堂

场馆介绍
在线订票
场馆服务 ── 参观须知
3D游场馆
新闻资讯

微信视频号 ── 科普短视频
科普讲座直播

展项合集
抖音的科学打开方式
抖音 ── 趣味实验大百科
你不能不知的冷知识

口袋科学辞典
微博 ── 30秒懂
其他

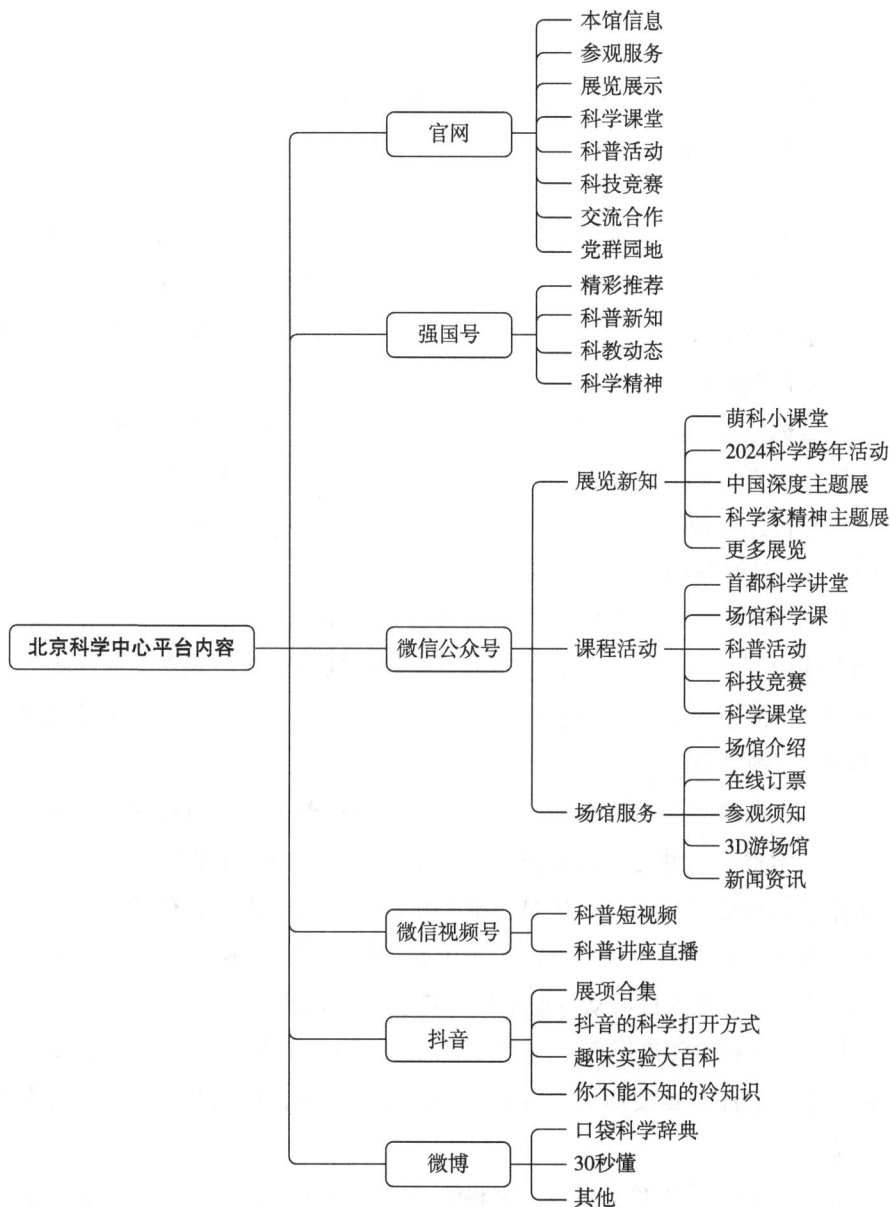

图 2-2　北京科学中心平台内容

（四）运营模式

北京科学中心采取"自营模式"开展场馆运营，具体从运营理念、运营基础、运营特点及运营效果4个方面展开分析。

1.运营理念

北京科学中心运营理念是基于习近平总书记关于"科技创新、科学普及是实现创新发展的两翼，要把科学普及放在与科技创新同等重要的位置"这一战略思想而形成的。北京科学中心立足北京实际，着眼国际一流，顺应世界科技场馆发展需求，坚持以建设与北京城市发展战略地位相匹配的科普新地标为目标，突出科学思想方法传播，突破"一楼一宇"地域束缚，突显科技场馆发展理念制高点，面向社会、面向世界、面向未来，讲好北京发展故事、讲好科技创新故事、讲好科技文化故事，努力打造与科技创新中心相匹配的世界一流科学中心。

从北京科学中心所处的地理空间来看，作为全国政治中心、文化中心、国际交往中心、科技创新中心的北京具有特殊的城市象征意义，这在很大程度上决定了北京科学中心的定位，可用3个"度"予以概括——政治高度、科普深度、视野宽度。

首先，在政治高度层面，北京科学中心承担着引领新时代科普风尚、提升公众科学素养、助力国家科技战略实施等重要使命。中心不仅是国家科技创新体系的重要组成部分，更是传播科学思想、科学方法、科学精神的重要平台，在科学传播中体现"以人民为中心"的政治观，坚持科普工作服务于人民，致力于满足人民群众日益增长的科学文化需求。

其次，在科普深度层面，北京科学中心强调对科普"关键进路"的关注，即深入挖掘展品与重要历史事件或人物的意义关联，体现对科学传播社会价值的重视。

最后，在视野宽度层面，北京科学中心立足于国际视野，不仅关注国内科技前沿，更放眼世界，紧跟国际科技动态，通过引进国际先进的科普理念和技术，推动科学传播的国际化进程。同时，中心还加强与国际科技场馆的交流与合作，分享科普经验，提升国际影响力。

2.运营基础

从发展需求来看，北京科学中心所采取的"自营模式"取决于以下基础：

首先，中心高度的自主性与灵活性。北京科学中心内部职能架构完整，能够充分自主开展业务，并依据实际工作情况进行灵活调整。中心根据自身的发展目标和公众需求，决定科普内容的选取、策划与呈现方式。这种自主性不仅确保了科普内容的科学性、准确性和前沿性，还使其能够迅速响应科技发展的最新动态，保持其时效性和吸引力，并确保其科学观与政治观能够在科学传播的过程中得到充分贯彻。

其次，中心资源的有效整合。北京科学中心构建了"1+16+N"科学传播体系，将北京地区科普资源进行充分整合，包括朝阳分中心、海淀分中心、房山分中心、延庆分中心、密云分中心、平谷分中心、天文观测体验中心、商飞航空科技展示中心、飞行跳伞体验中心及索尼探梦科技馆。北京科学中心作为整个体系的核心，负责对分中心的科普工作进行总体统筹规划，自营模式可更有效地使其发挥"指挥"作用，打造具有一流辐射和覆盖能力的科学传播公共服务平台。

最后，科普内容的权威性与创新性。基于北京科学中心"努力打造与科技创新中心相匹配的世界一流科学中心"的运营理念，自营模式可确保其全流程把握科普内容的生产，使其可以根据科普项目的具体需求，灵活调配内外部资源，包括专家团队、科研设施、教育材料等，形成开放的科普生态系统，并进而增强北京科学中心国际竞争力。

3.运营特点

从具体业务来看，北京科学中心有如下运营特点：

第一，资源协同性强。这一特色不仅在其"1+16+N"的传播架构内得到了鲜明体现，也彰显在与该体系外各类主体的交流合作之中。中心致力于广泛开展馆际交流、港澳台交流及国际交流，将这类业务作为中心的重点工作之一，充分体现了资源协同的能力优势。

第二，科普活动类型丰富。中心科普教育服务涵盖线上、线下与科技竞赛多方面，着力开发覆盖各年龄段、各类人群的活动项目，注重打造科普品

牌，并不断拓展与其他单位主体的合作，实现优势互补，形成形式多样、寓教于乐的科普活动。

第三，媒体宣传矩阵覆盖全面。中心在媒体社会化运营方面充分发力，开通多个平台的运营账号，构建多元媒体矩阵，包括微博、微信公众号、抖音、哔哩哔哩等热门社交媒体平台及官网等自有媒体渠道。通过这些平台，北京科学中心能够实时发布科普资讯、活动预告、科学研究成果等内容，与公众保持紧密互动，提升科普教育的传播力与影响力。

4.运营效果

北京科学中心自运营以来，始终致力于推动科学知识的普及和公众科学素养的提升。通过举办前沿的科技展示、学术交流及科普活动，该中心为公众提供了深入了解科学的平台，为学术研究和公众教育作出了积极贡献。

2011年9月11日至17日，全国科普日北京主场活动暨第十一届北京科学嘉年华在北京科学中心盛大举行，活动以"百年再出发·迈向高水平科技自立自强"为主题，在这一周的时间里，北京科学中心以公众为核心，开展了一系列深入浅出、引人入胜的科普活动，为市民奉献了一场精彩科普盛宴[45]。北京科学中心2024年紫竹院学区首届科技节"逐梦星辰·探索宇宙"启动仪式在北京科学中心报告厅隆重举行，学区内8所小学科技社团师生代表参加此次活动。仪式结束后，以学校为单位参与8堂妙趣横生的航天科技主题课程，并亲手制作科技模型。在全部的体验课程结束后，全体师生在北京科学中心球幕影厅共同观看4D电影《太空探索》[46]。通过一系列丰富多彩的活动，学生们得以亲身体验科技的神奇，进一步增强了他们的科学素养和创新能力。

此外，在媒体平台运营方面，截至2024年7月15日，"数字北京科学中心"微信公众号累计发布文章2200篇，其中包括科普原创内容、原创科普长漫画和短漫画及H5互动程序等。微博粉丝量为1.6万，获得转评赞4.6万次；抖音粉丝量为91.9万，获赞1055.3万次。中心充分利用媒体矩阵开展宣传与教育活动，扩大其社会影响力。2023年9月16日，科学时光趴·北京科学嘉年华特别活动"寻找少年π"在北京科学中心成功举办。除线下活动外，活

动还在"北京科学中心"微信视频号、新浪微博、"蝌蚪五线谱"百家号、知乎、微博、腾讯视频等平台同步直播，线上反响热烈，在线观看数量超 1200 万人次[47]。

北京科学中心在未来将进一步提升公众满意度作为核心发展目标，不仅在科普内容的深度和广度上持续拓展，还将在科普服务的专业化、精细化上不断创新。具体而言，中心应基于公众的实际需求和反馈，定期评估科普活动的有效性和影响力，并据此调整科普策略。此外，中心还应积极探索科普教育的新模式、新方法，以科学的态度和方法，提升公众对科学的兴趣和认知，从而推动公众满意度的全面提升。

二、山西省科学技术馆

山西省科学技术馆位于太原市长风商务文化区广经路 17 号，是山西省大型科普场馆，是以提高公众科学文化素质为目的，面向公众开展科普展教、科学实验、科技培训及学术交流等科普教育活动的社会科普宣传教育机构，是实施科教兴国战略、人才强国战略和创新驱动发展战略，提高全民科学素质的大型科普基础设施。

现在的山西省科学技术馆由原省科技馆和省青少年科普中心合并而成。

（一）组织建设

1.职能架构

山西省科学技术馆设置 9 个部室，包括办公室、人力资源部、财务规划部、展教中心、展品研发和流动科技馆部、科普影视和网络科普部、青少年活动中心、运行保障部、安全保卫部，如图 2-3 所示。

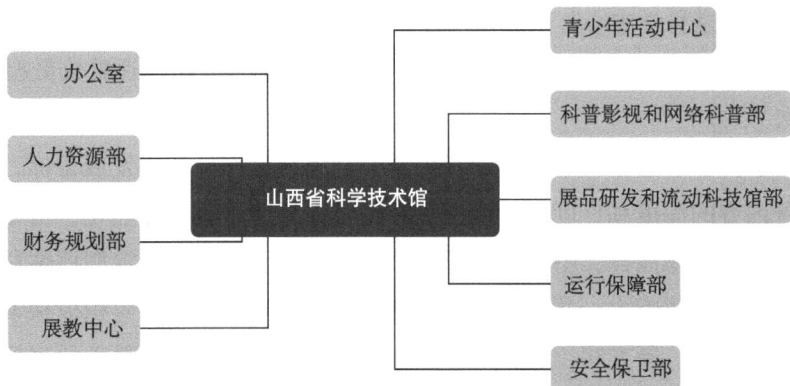

图 2-3　山西省科学技术馆职能架构

2.制度建设

山西省科学技术馆积极承办一系列业务培训班、比赛、论坛等活动，包括全国科技馆馆长培训班、全国科普场馆教育人员培训班、全国科技馆辅导员大赛、全国科技馆发展论坛。这些活动有助于提升相关人员的业务能力与素质，推动场馆的人才队伍优化。

此外，山西省科学技术馆还广泛利用社会范围的人才力量，自 2013 年开馆以来，场馆依托科普教育基地资源优势，搭建科普志愿服务社会化平台，带动了一系列学生志愿服务活动的蓬勃开展[48]。通过规范的管理培训，保证志愿者的科普服务质量，并建立完善的志愿者激励机制，开发多样化的志愿服务，完善科技馆人才制度建设。

3.资源协同

自 2016 年以来，山西省科学技术馆致力于推动"馆校结合"活动。充分利用馆内资源优势，坚持以科普教育为核心，积极与中小学合作。通过开发适用于中小学科学教育的科普资源、拓展相关课程，不断创新科普教育模式，搭建传播推广平台，为学校提供了丰富多样的科普教育资源。

为促进农村科普教育资源均衡，山西省科学技术馆积极实施农村中学科技馆项目，积极牵线搭桥，联系企业为贫困山区盂县、左权县捐赠农村中学科技馆，并前往晋中市榆次区张庆乡中学、大同市南河堡中心校、临汾市永

和县第二中学等全省多个农村中学科技馆维修展品，确保展项的展示效果。同时，还将科普资源带到学校，结合农村中学科技馆开展活动[49]。

2021 年 3 月 19 日，山西省科学技术馆向太原市第四十八中学校授予"山西省科学技术馆馆校合作基地校"牌匾[50]。

除中小学外，山西省科学技术馆还开展与高校、科研院所的合作共建。2023 年 12 月 7 日，山西省科学技术馆与山西财经大学马克思主义学院签署"大思政课"实践教学基地合作协议，双方将实现馆校之间优势互补、资源共享、深度合作，科技馆将借助马克思主义学院思政优质师生资源开展多领域、多形式的交流与合作，助力山西省公众科学素养的提升[51]。

此外，山西省科学技术馆推进与其他事业单位的合作共建。山西广播电视台为事业单位，归口中共山西省委宣传部领导。山西省科学技术馆与山西广播电视台经济与科技频道进行节目开发、制作宣传合作，依托各自资源优势，创新合作模式，加强深度融合，携手做好科普宣传工作。近年来，山西省科学技术馆依托展教资源，开发了众多有趣有料、观众喜闻乐见的科普品牌节目，有被誉为最美科学秀的《走西口》、广受小朋友喜爱的提线木偶剧《宝贝欢迎你》、传播热点事件的《科学有曰之激情世界杯》、弘扬科学精神的科普剧《糖丸爷爷》等，受到观众热捧和好评[52]。

同样，山西省科学技术馆还积极探索与社会联盟的合作共建。山西省科学技术馆派员参加了在昆明举行的第二届中国科普研学论坛暨科普研学联盟年会，并在会上正式加入科普研学联盟。借助联盟的平台，科技馆可进一步挖掘资源共享、整合专业力量、拓展活动范围，促进科学普及和科学教育，提升社会大众的科学素养。

（二）经费使用

山西省科学技术馆 2021 年、2022 年、2023 年的经费使用情况如下：

2021 年，山西省科学技术馆年度收入合计 4057.58 万元，其中一般公共预算财政拨款收入 3980.85 万元，其他收入 76.73 万元。本年度支出合计 4204.42 万元，其中科学技术支出 3849.50 万元，社会保障和就业支出 154.36 万元，卫生健康支出 99.42 万元，住房保障支出 101.14 万元。在财政拨款经

费方面，本年收入合计 3980.85 万元，全部来自一般公共预算财政拨款，支出合计 4097.89 万元。在科技馆免费开放省级补助资金方面，全年预算资金 772.92 万元，实际到位 772.92 万元，全年执行资金 727.69 万元。在科技馆免费开放中央补助资金方面，全年预算资金 1597 万元，实际到位资金 1597 万元，全年执行资金 1128.4 万元[①]。

2022 年，山西省科学技术馆年度收入合计 4426.97 万元，其中一般公共预算财政拨款收入 4364.36 万元，其他收入 62.61 万元。本年度支出合计 4149.47 万元，其中科学技术支出 3230.02 万元，社会保障和就业支出 710.11 万元，卫生健康支出 101.74 万元，住房保障支出 107.59 万元。

2023 年，山西省科学技术馆年度收入合计 4113.23 万元，其中一般公共预算财政拨款收入 4042.33 万元，其他收入 70.90 万元。本年度支出合计 4363.46 万元，其中科学技术支出 3703.44 万元，社会保障和就业支出 430.89 万元，卫生健康支出 112.03 万元，住房保障支出 117.10 万元。

此外，山西省科学技术馆针对免费开放补助资金的使用制定了详细的预算，主要用于展品维护、展品展项购置及更新、展教业务活动。

（三）公共服务

1.基础设施及配套服务

山西省科学技术馆提供以下基础设施及配套服务：展教用房（展厅、报告厅、影像厅、科普活动室）；公共服务用房（门厅、大厅、休息厅、票房、问讯处、商品部、餐饮部）；业务研究用房（展品制作维修车间、技术档案室、设计研究室、声像制作室）；管理保障用房（办公室、会议室、接待室、监控室、设备机房）。

2.功能区及展品展项

场馆的功能主要包括常设展览、短期专题展览、特效科普影视（包括穹幕影院、XD 动感影院等）、天文观测、科普讲座、科学实验、科技培训及科

---

① 山西省科学技术馆. 山西省科学技术馆 2021 年度决算公开［EB/OL］.［2024-07-16］. http：//www.sxstm.cn/xxgk/yjsxxgk/art/2023/art_1f6e52e8b402419cb69cfd224571d8c6.html.

普教育等。馆内常设展览分为 5 个主题展厅，共有 282 个展项。

一楼的"数学展厅"以其独特的教育社会化功能为特色，分为数学史、数学家、数学与人类活动及参与互动展项 4 个部分，引导观众了解数学的历史、美妙之处及趣味所在。二楼的"宇宙与生命"展厅围绕宇宙、黄土地——天上飞来的家园、生命及人体等主题，展示了人类对自然的探索和认知所体现的智慧。三楼东侧的"机器与动力"展厅则以机械、能源和材料为主题，展示了科学技术发展给人类社会带来的巨大变化。而三楼西侧的"儿童科学乐园"专为低龄段儿童打造，以生命的智慧、生活的智慧及生存的智慧为主线，融合教育和娱乐，让孩子们体验科技发展带来的乐趣，为他们开启通往科学世界的兴趣之门。四楼的"走向未来"展厅则以交流、水——生命之源、碳循环——地球文明及探索太空为主题，展示了人类与环境和谐发展中所体现的智慧、科技成就及未来发展的趋势。此外，公共空间还设有 4 个展项，即"独立源头的七个文明发祥地"展项、"谁执彩屏当空舞"机械舞动手臂展项、墙体"动态二维码"展项和"智能建筑显示屏"展项[①]。

山西省科学技术馆 XD 影院是国内首家集 4D 与 XD 特效功能于一体的顶尖影院。影院配备了杜比 7.1 声道数字环绕音响和 4K 高分辨率放映画面，拥有能模拟电闪、雷鸣、风霜雨雪等多种环境特效的先进设施。除此之外，影院还引入了与影片画面互动的 XD 功能特效，使观众仿佛身临其境。在观影过程中，观众可以随着剧情的发展感受到震动、坠落、吹风、喷水、扫腿等特效，将传统影院的被动体验转变为主动参与，为观众带来了真正惊险刺激的超级娱乐新体验和视听新概念。影院共有 44 张座椅，其中红色座椅配备了 XD 和 4D 特效功能，黄色座椅则为 4D 座椅。观影时，观众戴上特制的偏光眼镜，可以享受逼真生动的立体影像；而使用 XD 互动枪，则能够实时互动，自主控制画面内容，感受身临其境的奇妙感觉。影片结束后，每位观众还能在大屏幕上看到自己的成绩排名，并获得精美的互动影像资料。

穹幕影院直径 16 米，拥有 150 个座位，配备了 2 台数字投影机，能够将画

---

① 山西省科学技术馆. 科技馆简介［EB/OL］.［2024-07-16］. http：//www.sxstm. cn/zjwm/gk/jj/art/2023/art_ee1214558304406d8dd915bdcd07c46b.html.

面投射至穹幕，实现 360° 的视域范围，光通量超过 20 000 流明，采用国际知名品牌的无缝拼接金属银幕和 7.1 声道立体声环绕音系统。此外，该影院还可作为数字天象仪，演示 ±100 万年的星象变化，是国内顶尖的数字穹幕影院之一①。

天文观测台是山西省科学技术馆的天文科普观测基地，通过观测，人们可以欣赏到宇宙的深邃和壮美，培养对天文的兴趣，进一步了解天文对人类生产和生活的影响。该观测台可以观测到太阳黑子、耀斑、色球、日珥、月球、行星、恒星、星云等特殊天象，并将观测结果作为资料留存，通过展厅和网站向更多观众展示。

3.科普教育服务

山西省科学技术馆开发一系列科普教育服务活动，包括科学秀、提线木偶剧、科普剧、科学课、科学讲坛、天文观测等。此外，在流动科普服务方面，山西省科学技术馆推出流动科技馆、科普大篷车、科技馆进校园等，将科普资源送到偏远地区和农村学校，弥补科普教育资源的不足，如表 2-2 所示。在科技竞赛方面，山西省科学技术馆积极承办或协办各类青少年科技竞赛活动，如科技创新后备人才培养计划、青少年科学营活动、全国青年科普创新实验暨作品大赛等。这些活动围绕不同主题，对参与者的创新思维、实践操作、团队合作等能力进行全面测评。

表 2-2　山西省科学技术馆科普教育服务活动

类型		活动内容
固定	科学秀	走西口
		小丑嘉年华
	提线木偶剧	宝贝欢迎你
	科普剧	糖丸爷爷
		龙宫奇事

---

①　山西省科学技术馆.特效影院简介［EB/OL］.［2024-07-16］. http://www.sxstm.cn/cyzg/txyy/art/2023/art_1f29c1358baa4166ba1e729cdf8d4391.html.

续表

类型		活动内容
固定	科学课	千变万化的面孔
		倒计时
		梦想小货车
		为什么每晚的月亮都不同
		贪吃蛇
		智慧交通灯
		"天狗食月"的真相是什么
		天文望远镜是如何演变的
		八大行星谁更大
	科学讲坛	植物也有大智慧
		跟着文物穿越
		飞向更远的太空
		航空梦 中国梦
		中国空间站的发展历史现状和未来
		揭秘恐龙
		走近人工智能
		地球 & 人类会毁灭吗
		动物，动之美——动物行为漫谈
	天文观测	探索八大行星奥秘 开启星系观测之旅
		星系观测及分类标注法
流动	流动科技馆	截至 2023 年，山西省科学技术馆流动科技馆共完成 297 个站点的巡展任务，受众累计达 386.7 万人次
	科普大篷车	先后走进山西省临汾市翼城县、晋城市阳城县、运城市永济市、吕梁市中阳县等
	科技馆进校园	先后走进黄陵中学、孝义中学、沁源县实验小学等

类型		活动内容
科技竞赛	科技创新后备人才培养计划	主要目标是选拔一批品学兼优、学有余力、具备创新潜质的中学生，让他们走进大学，在自然科学基础学科领域知名科学家的指导下参与科学研究项目、科技社团活动、学术研讨和科研实践等活动
	青少年科学营活动	目的在于探索高校科学营的运作规律，积累相关经验，推动科普与教育的紧密融合，促进教育科普资源的开发与共享。活动旨在充分利用和合理开放重点高校丰富的科技教育资源，激发青少年对科学的兴趣，鼓励他们立志从事科学研究事业，培养青少年的科学精神、创新意识和实践能力，为培养科技创新后备人才奠定坚实基础
	青少年科学调查体验活动	旨在培养青少年对科学的兴趣，提升其科学探究能力，增强其创新意识和实践能力，以科学调查、科学体验和科学探究为主要内容和形式
	青少年科学影像节活动	旨在唤起青少年的科学探索精神，融合了知识性、科学性和趣味性，目的在于鼓励年轻人积极探索科学世界、体验媒介技术，并展示他们的实践成果。活动围绕着《全民科学素质行动规划纲要》（2021—2035年）的核心主题，即"节约能源资源·保护生态环境·保障安全健康、促进创新创造"，开展各种有趣而富有益处的科普活动
	全国青年科普创新实验暨作品大赛	激励并动员广大青年学生积极参与科普创作，以扩大科普活动的社会影响力，树立品牌形象。整合资源，推动科学思维、科学精神、科学方法和科学知识的传播与普及
	"一带一路"青少年创客营与教师研讨活动	为激发更多青少年参加国际知名科技竞赛和交流活动，提升他们与港澳台及国际科技爱好者的交流水平，该活动选拔优秀的青少年参加"一带一路"青少年创客营、教师研讨活动，以及国际青少年科技竞赛和交流活动。通过这些举措，促进具有深度和广度的国际交流得以实现

4.信息化建设服务

山西省科学技术馆入驻"中国数字科技馆科普联盟",参与虚拟现实科技馆及科技馆虚拟漫游项目,将科技馆场馆及优秀科普展项进行数字化、平台化,实现场馆的平面地图导航与 VR 虚拟漫游,为实体馆参观提供网络拓展服务。

山西省科学技术馆构建了以官网、微信公众号、微信视频号、抖音、微博为主要宣传平台的媒体矩阵,如图 2-4 所示。这些平台共同作用,形成了一个立体化、多维度的传播网络,提升了山西省科学技术馆在公众中的知名度和影响力。

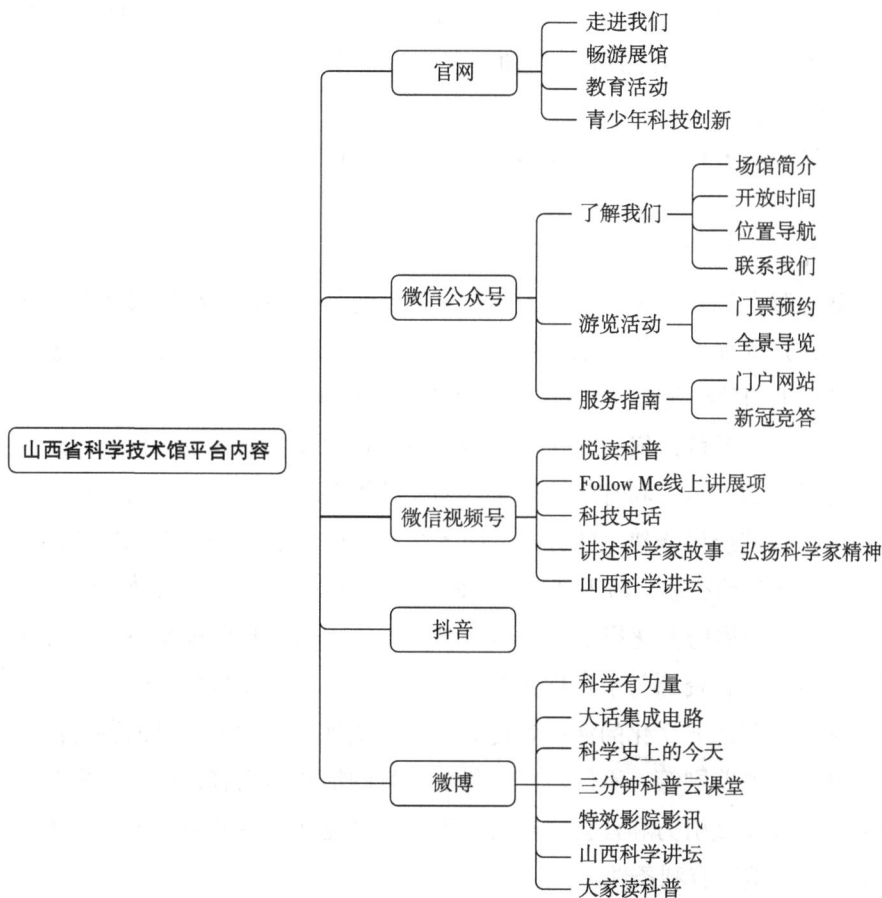

图 2-4 山西省科学技术馆平台内容

（四）运营模式

山西省科学技术馆采取"自营模式"开展场馆运营，具体从运营理念、运营基础、运营特点及运营效果4个方面展开分析。

1.运营理念

山西省科学技术馆作为省城公益性基础设施的重点工程之一，是省委、省政府投资兴建的惠民工程，集科普展览、科教影视、科技培训、学术交流和天文观测多项功能于一体，是一座承载着重要科普功能的场馆。

其运营理念主要强调综合创新性，致力于构建一个跨领域、多层次、开放合作的综合创新平台，通过整合各类科技资源，促进科普内容与形式的持续创新，为公众创造了一个既富有教育意义又充满探索乐趣的优质学习环境，使得科学知识的传播更加生动、直观且易于接受。

2.运营基础

从发展需求来看，山西省科学技术馆所采取的"自营模式"取决于以下基础：

首先，整合专业科普力量。山西省科学技术馆通过自主运营，能够直接且高效地整合科普领域的专业人才与资源，包括与高校、科研机构及企业等外部实体建立深度合作，创新性地打通各类资源，利用各方在科研、教育及技术应用上的独特优势，共同策划并实施高质量的科普活动。

其次，创新科普叙述方式。这是山西省科学技术馆在自营模式下，为提升科普教育的吸引力和有效性而采取的一项策略，主要体现场馆的独特科普风格。打破传统科普叙述的方式，引入多元化的叙述手法和表现形式，使科普内容更加生动有趣、易于理解，从而激发公众对科学的兴趣和好奇心。

最后，拓展跨文化影响力。山西省科学技术馆在自营框架下，能够充分利用自身的科普资源与平台优势，主动寻求与其他文化机构的交流合作，推动科普教育与地方文化的深度融合。策划并实施具有地方特色的科普活动，如科学秀、科普剧等，不仅丰富了科普教育的形式与内容，还显著提升了科普教育的文化吸引力和社会影响力，为科普事业在更广泛的社会文化语境中充分发展创造了有利条件。

3.运营特点

从具体业务来看，山西省科学技术馆有如下运营特点：

第一，合作共建项目丰富。山西省科学技术馆一方面积极与中学合作，建立馆校合作基地，开展与高校科研院所的资源共建；另一方面积极推进与其他事业单位的合作，依托电视台等单位平台，实现资源互补，创造具有标志性的科普品牌节目。此外，省科技馆还发展与社会联盟的合作，加入科普研学联盟，进一步拢集专业科普力量。

第二，科普展示特色突出。山西省科学技术馆探索从不同维度传达科普内容，通过融合多种科技，自成一派展示风格。科技馆建筑本身设计建成了一个硕大展项，人们感官无法感知的微小振动、电磁波辐射及地磁场强度等多达 16 项的参量信息都能被一览无余，这一设计被称为"建筑物多参量物理化学环境监测系统"，极具创新特色。此外，馆内的穹幕影院、XD 动感影院等都通过新奇的感官刺激来加深观众对科学内容的印象。

第三，教育创新实践能力强。山西省科学技术馆注重科普教育设计的多元化和国际化，设计了众多优秀的教育活动，促进科技成果广泛传播，并产生国际影响力，展现出了强大的教育创新实践能力。

4.运营效果

截至 2024 年 7 月 15 日，山西省科学技术馆官方抖音账号粉丝量为 786，获赞 1.3 万次。官方微博账号粉丝量为 251，获转评赞共 1094 次。此外，人民日报社以《山西科技馆"颠覆"科普老路——人人都能找到兴趣点》为题进行了专题报道。中国科协微信公众号"科协改革进行时"以《奔跑吧，山西科技馆》为题进行报道，该报道受到公众的大量转发。

在扩大社会影响力方面，山西省科学技术馆辅导员刘统达、张哲侨团队开发的《科学有曰之激情世界杯》和吴翔团队开发的《自制 3D 全息投影》教育活动案例，入选中国科协青少年科技中心的"一带一路"虚拟科学中心线上平台[53]。"一带一路"虚拟科学中心是由中国科协青少年科技中心携手"一带一路"沿线国家科技教育机构共同打造的多国科技教育资源共建共享的免费线上平台，旨在提升沿线国家的科技教育水平。这两个案例的入选不仅彰显了山西省科学技术馆在科技教育活动设计和实施方面的创新能力与实践成

果，同时也展示了其在国际科技教育合作中的积极参与和贡献。通过"一带一路"虚拟科学中心，山西省科学技术馆的教育活动得以传播给更广泛的国际受众，提高了中国科普教育的国际影响力。这一成果不仅有助于提升沿线国家的科技教育水平，也为各国青少年提供了一个相互学习和交流的平台，促进了跨文化科技教育资源的共享和互通。截至 2022 年 8 月，山西省科学技术馆多次得到上级有关部门的表彰，其中国家级奖项 88 项、省级奖项 30 项。

山西省科学技术馆在新媒体平台的成功运营和其教育活动案例的广泛认可，标志着其在科技教育领域的综合实力和影响力不断提升。未来，科技馆也将进一步加强与国际科技教育机构的合作，持续开发高质量的科普教育资源，利用现代信息技术手段，拓展线上线下结合的科普教育新模式，继续发挥其在科学传播和教育中的重要作用。

三、黑龙江省科学技术馆

黑龙江省科学技术馆位于哈尔滨市松北区太阳大道 1458 号，于 2003 年 8 月 8 日面向公众开放，是黑龙江省委、省政府为提高全省人民科学文化素质、实施科教兴省战略而兴建的重要公益性科普设施。开馆以来，黑龙江省科学技术馆获得"全国科普教育基地""国家 AAAA 级旅游景区""全国模范职工小家""省级文明单位标兵""省级花园式单位""省级卫生先进单位""哈尔滨市平安示范单位""未成年人思想道德建设科技教育基地""少年儿童校外科技教育基地""黑龙江省首批省直机关党建活动基地""省委党校（省行政学院）科技馆现场教学基地"等多项荣誉称号[1]。

---

① 黑龙江省科学技术馆．场馆介绍［EB/OL］．［2024-07-16］．https：//www.hljstm.org.cn/museumoverview#museumintro.

（一）组织建设

1.职能架构

黑龙江省科学技术馆内设科技馆党委和 11 个职能部门，包括办公室、财务部、人事部、后勤保障部、展品研发部、展览教育部、培训实验部、公众服务部、外联部、影院部、安全保卫部，如图 2-5 所示。

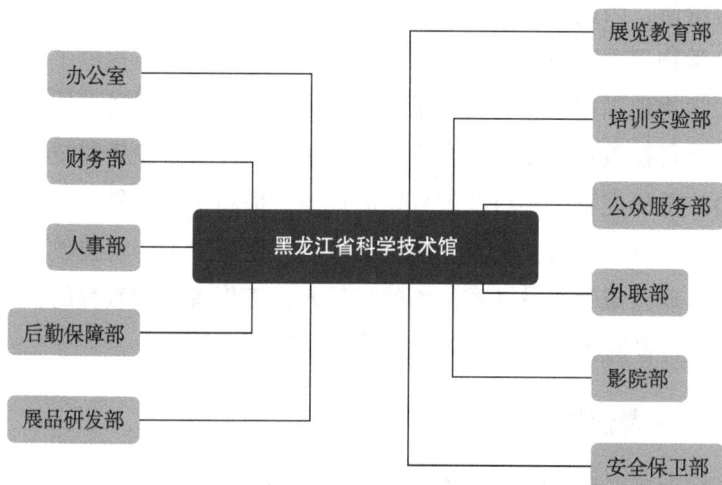

图 2-5　黑龙江省科学技术馆职能架构

2.制度建设

为推进和规范预决算信息公开工作，进一步提高单位财政资金使用效率，接受社会各界的监督，促进依法理财，根据《中华人民共和国预算法》、《中华人民共和国政府信息公开条例》（国务院令第 492 号）、《中共中央办公厅、国务院办公厅印发〈关于进一步推进预算公开工作的意见〉的通知》（中办发〔2016〕13 号）、《黑龙江省财政厅关于开展 2020 年省本级部门预算公开工作的通知》（黑财预〔2020〕16 号）等有关规定，结合单位实际情况，制定《黑龙江省科协预决算信息公开管理办法》。该办法对预决算信息的公开职责、公开内容、公开时间、公开形式及公开工作的实施等内容作出规定说

明①。具体到省科学技术馆层面，相关文件对场馆预算、结算情况均进行公开说明。

3. 资源协同

黑龙江省科学技术馆与哈尔滨工程大学物理国家级实验教学示范中心开展合作，中心每学期为在校优秀大学生提供一定的资金和技术，用于支持其参与创新竞赛，培养学生的创新能力，所设计的参赛作品也具有非常高的科普和学习价值，因此，馆校合作不但满足了省科技馆的展品需求，还为哈尔滨工程大学物理国家级实验教学示范中心创新人才的培养提供了动力。哈尔滨工程大学物理国家级实验教学示范中心通过与黑龙江省科学技术馆及全省其他青少年科技教育工作机构合作，成立了黑龙江省青少年科技教育协会，这一协会注重研究青少年科技教育发展规律，提高青少年科技教育工作者业务水平，促进青少年科技辅导员队伍的成长，促进青少年科技教育事业的繁荣与发展，现已成为黑龙江省最大的科技教育工作者培训教育的核心单位，为黑龙江省科普创新教育的发展作出了重大的贡献[54]。

（二）经费使用

黑龙江省科学技术馆 2021 年、2022 年、2023 年经费预算情况如下：

2021 年，黑龙江省科学技术馆收入总预算 1979.58 万元，为一般公共预算拨款收入；支出总预算 1979.58 万元，包括科学技术支出 1808.47 万元、社会保障和就业支出 72.21 万元、卫生健康支出 40.65 万元、住房保障支出 58.25 万元。与上年预算相比，增加 983.47 万元，主要原因是科技馆免费开放项目支出预算增加②。

2022 年，黑龙江省科学技术馆收入总预算 2020.44 万元，为一般公共预算拨款收入，比上年预算增加 40.86 万元，主要原因是人员、购房补贴及科

---

① 黑龙江省科协. 黑龙江省科协预决算信息公开管理办法［EB/OL］.［2024-07-16］. http：//home.hljkx.org.cn/art/2020/2/18/art_1405_84708.html.

② 黑龙江省科学技术馆. 黑龙江省科学技术馆 2021 年部门预算［EB/OL］.［2024-07-16］. http：//home.hljkx.org.cn/module/download/downfile.jsp?classid=0&filename=57ca3d81cc3f4bf a96fa1ce0e3494dec.pdf.

技馆免费开放补助经费增加。支出总预算 2020.44 万元，包括科学技术支出 1836.21 万元、社会保障和就业支出 74.05 万元、卫生健康支出 40.03 万元、住房保障支出 70.15 万元，比上年预算增加 40.86 万元，主要原因是人员、购房补贴及科技馆免费开放补助支出增加①。

2023 年，黑龙江省科学技术馆收入总预算 2104.88 万元，为一般公共预算拨款收入和事业单位经营收入。支出总预算 2104.88 万元，包括科学技术支出 1858.13 万元、社会保障和就业支出 104.15 万元、卫生健康支出 72.19 万元、住房保障支出 70.41 万元，比上年预算增加 84.44 万元②。

（三）公共服务

1.基础设施及配套服务

黑龙江省科学技术馆馆内学术报告厅具有先进的 6 声道同声传译等设施，可举行各种培训，举办各类大小不等的会议，为国际性的学术交流提供优质服务。截至 2024 年 12 月，科技馆中新建的图书阅览室共有藏书 3000 余册。此外，还设有快餐厅与纪念品销售部，有上千种科技小品，以及具有黑龙江特色的纪念品和省科技馆的音像制品、书籍③。

2.功能区及展品展项

黑龙江省科学技术馆占地面积 5 万平方米，建筑面积 2.5 万平方米，常设展厅 1.2 万平方米，共设有 10 个展区，涵盖机械、能源与材料、航空航天交通、力学、数学、人与健康、电磁、青少年科学工作室、儿童科学，以及"走进兴安岭"等主题，展出 600 余件（套）展品。馆内配备临时展厅、IMAX 球幕影院、4D 影院、科学互动剧场、学术报告厅等科普服务设施。而在馆外

---

① 黑龙江省科学技术馆 . 黑龙江省科学技术馆 2022 年预算［EB/OL］．［2024-07-16］. http：//web.hljstm.org.cn/data/upload/ueditor/20220510/6279f66319548.pdf.

② 黑龙江省科协 . 黑龙江省科学技术馆 2023 年单位预算［EB/OL］．［2024-07-16］. http：//www.hljkx.org.cn/sysNewFile/sysNewfile/getFileByUrl?FILE_ID=/files/20230303/c30fc4bd9ef94d10bccfb7e36c530f9d.pdf.

③ 黑龙江省科学技术馆 . 服务设施［EB/OL］．［2024-07-16］. https：//www.hljstm.org.cn/museumoverview#servicefacility.

的花园式庭院，展示着日晷、长征2号F运载火箭、动脑风车等标志性展品。

黑龙江省科学技术馆引进了加拿大IMAX公司的放映技术和设备，其球幕影院银幕直径达23米，倾角达30°，犹如天穹覆盖大地，将整个观众席包裹在巨大的球幕下方。采用最大画格70毫米15片孔的电影胶片，声音系统为6.1声道数字环绕音响，将观众与电影完美融合，营造身临其境的感觉，呈现出强大的动感和高品质的画面，极具震撼力。

4D影院采用立体特效影院系统，使用高清数字电影放映机投射大型立体画面至银幕上。观众戴上偏光眼镜后，仿佛身临其境。配备10余种特效的六自由度电动座椅（如俯仰、滚转、升降、震动、扫腿等），结合逼真的5.1声道数字环绕音响系统，通过控制系统与影片同步运行，使4D座椅特效与环境特效（如下雨、刮风、下雪、闪电、烟雾、泡泡等）有机结合，让观众在观影过程中如同身临其境，尽情享受影片带来的感官体验。

科技馆一层设有5个展区，分别是能源与材料展区、航空航天交通展区、机械展区、数学展区和力学展区，通过展示智能机器人、机械传动、风力发电、三维滚环、骑车走钢丝、四线摆和混沌水车等展品，让观众在游玩中轻松学习科技知识。

二层设有人与健康展区和电磁展区，展示人类生命科学知识和电磁学基本原理，观众可在舒适的环境中获得科技带来的奇妙体验。

二层半设置了青少年科学工作室，为广大青少年组织各种实验、培训、竞赛活动提供场所，是他们进行科学探究和体验的地方。

三层设有儿童展区和"走进兴安岭"展区。这里是孩子们的王国和乐园，有智趣乐园和儿童安全教育园区，还有"小小建筑师""水工乐园""镜子世界"，以及大兴安岭珍贵的动植物标本展示。这些寓教于乐的展品让孩子们在玩耍中体验科技的魅力，感受自然的神奇。

黑龙江省科学技术馆评选出观众最喜爱的10件（套）展项，分别是碳纳米管、运动交响球、气流投篮、莫比乌斯带、DNA的旋律、大水车、汽车模拟驾驶、航天飞机模型、神经元、下降的永磁体。

3.科普教育服务

黑龙江省科学技术馆所开展的科普教育以线下形式为主，包括固定场所与流动场所，具体有工作室、流动科技馆、科普大篷车几种形式，如表 2-3 所示。

表 2-3　黑龙江省科学技术馆科普教育服务活动

类型	活动内容		
固定	青少年科学工作室	生物科学工作室	青蛙活体生态箱
			蚂蚁活体生态箱
			蜜蜂活体生态箱
			标本展示窗
			太空鱼缸
		科学与艺术创意工作室	工具展示窗
			皮影展示窗
			皮影表演体验区
			活动区
		机器人工作室	乐高机器人教育活动实施
			乐高作品搭建展示
流动	流动科技馆	科学探索	声光体验
			电磁探秘
			运动旋律
			数学魅力
		科学生活	健康生活
			汽车生活
			科技生活

续表

类型	活动内容		
流动	流动科技馆	科学实践	科学表演
			科学实践
			科普影视
	科普大篷车		穿墙而过
			窥视无穷
			意念弯勺

  青少年科学工作室是黑龙江省科学技术馆承办的中国科协重点项目，自2007年11月筹备启动，到2008年5月进行布展施工，同年7月22日正式投入试运营。工作室的主题是"观察、思考、试验"，目的是为广大青少年提供一个进行科学探索和实验活动的场所，填补了科技馆培训教育和实验教育模式上的空缺。工作室提供丰富多样的内容和新颖的形式，引导青少年走进一个充满探索和科学奥秘的课堂。工作室分为生物科学工作室、科学与艺术创意工作室和机器人工作室3个部分，融合了知识性、趣味性、体验性和探究性，将教育与自然、生态、科普、互动体验进行了有机结合。其布展既采用了生态自然景观式设计，又包括科普知识及展品等专题设计，为青少年提供了丰富多彩的学习体验。

  流动科技馆以体验科学为主题，为公众提供了参与科学实践的机会，让更多人能够享受到互动体验式的科普教育。流动科技馆设有声光体验、电磁探秘、运动旋律、数学魅力、健康生活、汽车生活、数字生活和科学表演等8个主题展区，共配备了50件互动展品，并结合科学表演、科学实验及科普影视，为观众带来全方位的科学体验。

  科普大篷车以其多样丰富的展示内容、多元的教育方法及灵活多样的活动方式，广泛传播了科学精神、普及了科学知识，将科学思想和科学方法传递到了广大农村和西部偏远地区。这项活动备受广大公众和科普工作者的欢

迎，科普大篷车因其流动性而被形象地称为"流动的科技馆"。展览由中国科学技术馆设计监制，采用科普大篷车作为展览形式，展品为Ⅳ型车载展品。展览共分为 6 个主题，包括数学思维、电磁现象、运动与力、视觉体验、材料科学和机械传动[①]。

4.信息化建设服务

为了更有效地推广科学知识、普及科技教育，并积极与公众互动，黑龙江省科学技术馆构建了以官网、微信公众号、抖音及微博为主要宣传渠道的媒体矩阵，如图 2-6 所示。这一多元化的媒体布局旨在通过不同平台的特点和优势，全方位、多角度地展示科技馆的最新动态、展览信息、科普活动及科技教育资源，从而满足不同年龄层、不同兴趣偏好的公众需求。

官网作为信息发布的权威平台，提供详尽的展览介绍和预约服务，让公众能够方便快捷地获取科技馆的各项信息。微信公众号则更加注重深度内容的推送，其中包括黑龙江省科学技术馆推出的原创知识漫画系列——漫说科普课堂。这一系列漫画结合馆内展品，以生动有趣的方式讲述相关科学原理及科普知识，让公众在轻松愉快的阅读中增长见识。此外，微信公众号还设置科普问答活动，鼓励公众积极参与，提升公众的科学素养和互动体验。抖音平台则利用短视频的形式，以更加直观、生动的方式传播科学知识，让公众在短时间内就能获取有趣且实用的科普内容。微博作为快速响应的窗口，及时发布最新资讯，与粉丝实时互动，让公众能够随时了解到科技馆的最新动态和活动信息。

---

① 黑龙江省科学技术馆.工作室［EB/OL］.［2024-07-16］. https://www.hljstm.org.cn /exhibitnav/exhibittwo#studionav.

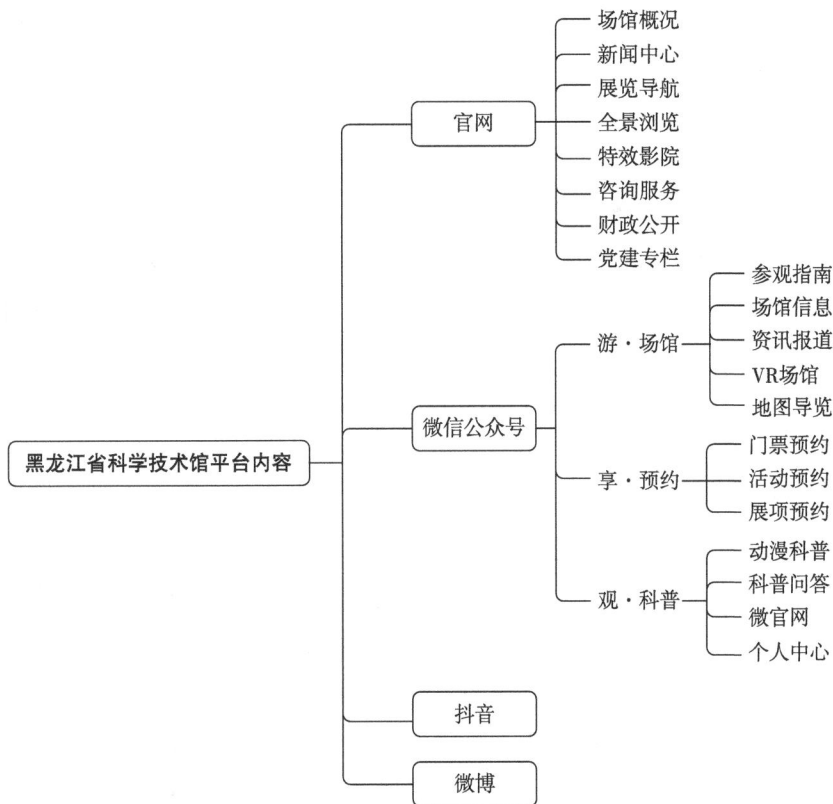

图2-6 黑龙江省科学技术馆平台内容

（四）运营模式

黑龙江省科学技术馆采取"自营模式"开展场馆运营，具体从运营理念、运营基础、运营特点及运营效果4个方面展开分析。

1.运营理念

黑龙江省科学技术馆秉持"科学普及与教育创新相结合"的理念，致力于通过多样化的科普活动和展览项目，激发公众的科学兴趣与求知欲望。在此基础上，场馆积极寻求与科研机构、高校等专业平台的合作，以提升其科普项目的专业性和前瞻性，并以此促进科技教育人才队伍的发展。

2.运营基础

从发展需求来看，黑龙江省科学技术馆所采取的"自营模式"取决于以下基础：

首先，科技教育人才队伍培养。黑龙江省科学技术馆在运营过程中，非常重视科技教育人才的培养与发展。通过自营模式，科技馆能够更灵活地制定和实施人才发展战略，从而吸引和培养一支高素质的科技教育人才队伍。这不仅有助于提升科技馆的教育质量，也是推动科技创新和科学普及的关键因素。

其次，地域性特色科技传播。基于自营模式，科技馆能够更加灵活地结合黑龙江省的地域特色和资源优势，开展具有地方特色的科普活动和展览。这种地方文化与科技传播相结合的模式，不仅提升了公众参与的积极性，还增强了科技馆的地域影响力，形成了"科技传播与地域文化融合"的科普路径。

最后，科普竞赛品牌打造。借助自营模式，黑龙江省科学技术馆自主策划和组织了各类科普竞赛活动，形成了具有地方特色的科普竞赛品牌。科普竞赛不仅能够激发公众尤其是青少年对科学的兴趣和热情，还能培养他们的创新思维和实践能力。

3.运营特点

从具体业务来看，黑龙江省科学技术馆有如下运营特点：

第一，高水平科技教育队伍完备。黑龙江省科学技术馆拥有一支高素质的科技教育人员队伍，这些人员不仅具备良好的学历背景，而且接受了专业的培训，以确保他们能够提供高质量的科普教育服务。科技馆注重教育活动人员的培养和发展，通过定期的专业培训和实践指导，不断提升团队的专业水平和服务质量。此外，通过与高校、科研机构合作，引进专家学者，使其成为科普教育的补充力量，这进一步增强了教育服务的专业性和权威性。通过支持青少年大学生参与科技教育项目，培养学生的创新能力，促进青少年科技教育事业发展。

第二，社会影响力较强。黑龙江省科学技术馆通过举办各类科普展览和活动，如举办地域性科学家精神主题展，大力弘扬科学精神和科学家精神，吸引了大量公众参与，媒体广泛宣传，产生了积极的社会反响。此外，科技

馆还通过流动科技馆巡展、科普大篷车进社区等活动，将科普服务延伸到基层，扩大了科普教育的覆盖面和受益面，进一步提升了科技馆的社会影响力。

第三，服务意识显著。黑龙江省科学技术馆注重推动科普服务对接公众需求，积极开发多种科普项目，力求通过多元化的科普项目为不同年龄层和兴趣群体提供丰富的科学教育体验。为实现这一目标，科技馆在日常运营中不仅推出了多样化的科普展览和互动项目，还特别注重根据公众的反馈和需求不断调整与优化展览内容和活动形式，不断推出富有创意的特色主题活动。场馆内还特别设立了图书阅览室等科普设施，作为科技馆的重要组成部分，阅览室提供了一个安静舒适的环境，让参观者在参观展览之余，还能通过阅读书籍进一步深化对科学知识的理解，满足不同层次公众的科普需求。此外，科技馆还设有纪念品销售部、快餐厅等服务设施，为公众提供周到方便的服务，确保参观者能有愉快的参观体验。

4.运营效果

截至 2024 年 7 月 15 日，黑龙江省科学技术馆微博粉丝量为 2.3 万，获得转评赞 3924 次；抖音粉丝量为 2542，获赞 2.0 万次。数据表明，黑龙江省科学技术馆在微博平台上拥有更大的粉丝基数和较高的互动量，反映出其在微博上的影响力较为显著。另外，抖音平台的点赞数较高，说明其短视频内容也具有较强的吸引力和互动性。黑龙江省科学技术馆在不同新媒体平台上的表现差异，显示了其在多平台运营策略中的优势与挑战。

在推动科学普及和科技教育方面，黑龙江省科学技术馆也展现其重要作用。2022 年 9 月 19 日，全国首个地域性科学家精神宣传教育主阵地"科技之星·闪耀龙江"——黑龙江科学家精神主题展于黑龙江省科学技术馆启幕。该展自全国科普日云上启幕以来，通过极光新闻、龙头新闻等媒体平台广泛传播，线上参观人数突破 150 万人次，在以科学家精神为核心的公众政治引领和价值引领方面发挥了积极作用。2023 年 8 月 11 日，以"热爱科学·崇尚科学"为主题的第七届黑龙江省科学实验展演大赛在黑龙江省科学技术馆举办。大赛由黑龙江省科技厅、省委宣传部、省卫生健康委、省总工会、省科协共同主办，黑龙江省科学技术馆、省教科文卫体工会委员会承办。作为黑龙江省的重要科普品牌活动，科学实验展演大赛备受社会各界瞩目，来自

高校、科研院所、医疗卫生系统、公安、消防等领域的科普从业者和科普爱好者广泛参与其中。各参赛队伍以大赛主题为中心，巧妙选取物理、化学、生物、光学等多个学科领域的科学原理和日常生活中的科学知识，结合前沿科技等内容，融入了多种艺术形式，如舞台剧、小品、魔术等，精心编排创作。实验表演将经典科学现象形象化、艺术化地呈现，生动展示了科学实验的神奇魅力，彰显了科普工作者的创新活力，使观众得以拓展科学视野，激发科学兴趣[55]。

2024 年春节期间，黑龙江省科学技术馆陆续推出 7 项独具特色的科普主题活动，包括特色鱼展、科普游园会、科学课、科学家精神展、电影巡映、探知科技馆等，为广大观众带来了丰富多彩的科学体验与知识分享[56]。2024 年 5 月 26 日，第十届全国青年科普创新实验暨作品大赛黑龙江赛区复赛在黑龙江省科学技术馆成功举办。赛事由黑龙江省科协、省教育厅主办，省科技馆承办。大赛围绕"智慧·安全·环保"三大主题，重点关注前沿科学技术、公共安全健康等领域的科研应用与普及，旨在考察青少年发现问题、解决问题及动手实践能力[57]。

黑龙江省科学技术馆在科普宣传、科学教育和社会服务等方面取得了显著成就，展现了其在推动科学普及和科技创新方面的重要作用。未来，科技馆将继续秉承科普优先、创新发展的理念，不断探索更多有效的科普教育模式，为推动科技进步和社会发展作出更大的贡献。

四、厦门科技馆

厦门科技馆系厦门市属国企及厦门国有资本运营有限责任公司权属企业，是国内率先引入社会事业企业化运营机制的科技馆。建筑面积 21 000 平方米，展厅面积 12 000 平方米。厦门科技馆始终秉持"让科学更好玩"的理念，致力提升公众科学素养，为社会创新发展贡献力量。

厦门科技馆目前尚未向社会免费开放，但其运营模式比较有特色，可供免费开放的科技馆借鉴。

（一）组织建设

1.职能架构

截至2023年9月，厦门科技馆管理有限公司运营管理着厦门科技馆、诚毅科技探索中心和青岛科技馆3家科技馆。当前公司已逐步形成以科普场馆运营、场馆建设咨询、科学教育、科普研学四大业务为核心的业务发展方向，构建形成覆盖科普产业上中下游的科普产业链式发展格局，探索出一条社会效益和经济效益双丰收的运营道路。厦门科技馆职能架构如图2-7所示。

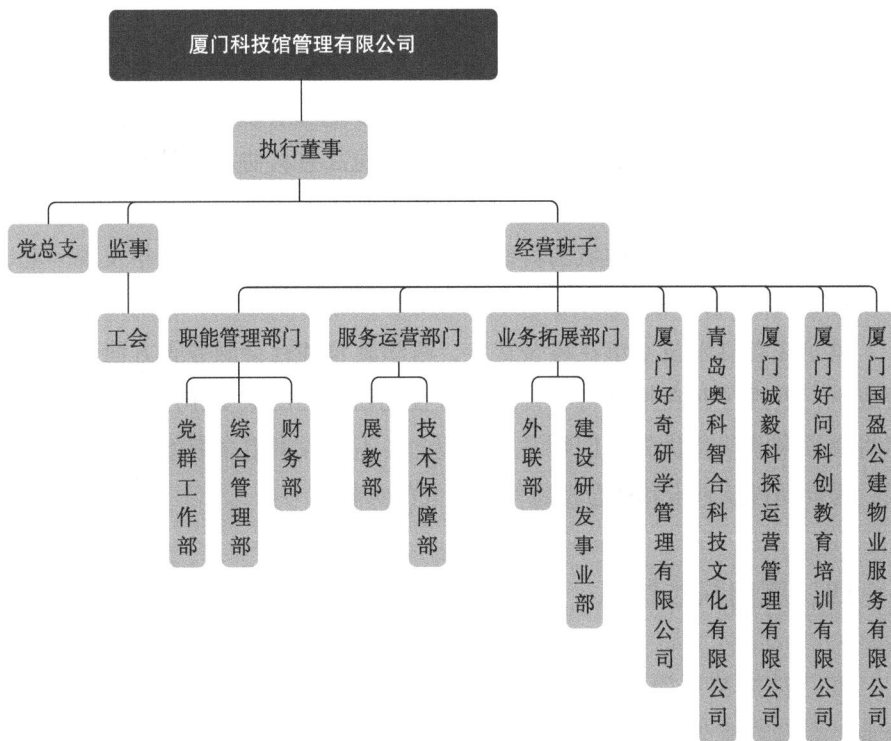

图2-7　厦门科技馆职能架构

2.制度建设

截至2023年9月，厦门科技馆有员工304人，其中35岁以下员工超过75%。厦门科技馆始终遵循"以人为本"的经营理念，拥有一支专业、年轻、

活跃的员工队伍。

3.资源协同

厦门科技资源共建情况积极向好，不仅内部部门间合作紧密，形成了高效的工作机制，而且在外部也广泛与场馆、个人、学校、企业、政府等多元主体开展深入合作。例如，教育部门与科技部门共同推动"科技进校园"活动，将最新的科技知识和成果带入课堂；同时，厦门市政府与多家知名企业合作，共建科技创新园区，吸引了大量高科技企业和人才入驻，为城市的科技发展注入了新的活力。这些合作不仅丰富了厦门的科技资源，也推动了城市整体创新能力的提升。

专栏2-2 厦门科技馆近年交流与活动

馆际交流

2021年10月18日，广东省江门市科协赴台州开展科技馆建设专题调研。

2023年3月24日，泉州市科协与厦门市科技馆签订共建协议。

2023年4月17日，科大讯飞集团与厦门市科技馆赴清华大学科学博物馆参观交流。

2023年8月28日，广州市科协率队赴龙岩、厦门开展合作交流。

2023年9月20日，青岛旅游集团旗下景区运营管理集团有限公司与厦门科技馆联合成立青岛奥科智合科技文化有限公司。

港澳台交流

2023年6月29日，"海峡情谊恒久远·共谱两岸唱新章"——诚毅科探中心接待2023海峡科技专家论坛科技专家、学者。

2016—2023年，诚毅科技探索中心连续举办3届海峡两岸青少年航天梦系列主题活动。

2023年8月23日，80名两岸学子相聚厦门，开启为期一周的海洋科技与文化探索之旅。

国际交流

厦门科技馆作为国内行业的标杆，是新加坡科学中心签署战略合作的第一家科技馆。

大型活动

2021年4月24日，厦门科技馆举办第四期海洋系列深度看展品活动。

2023年11月9日，承办现代科技馆体系数字化建设高质量发展工作会议。

（二）营业收入

厦门科技馆2020年营业收入为5126万元，2021年营业收入为7388万元，2022年营业收入为8495万元。其中，2022年，厦门科技馆收入构成中，科技馆门票业务收入为3500万～6500万元，科技馆培训业务收入为1500万～2000万元，科技馆研学业务收入为3000万元，行业巡展及商展业务收入为900万元，咨询及代建业务收入为2000万元，财政补贴收入为1340万元[①]。

（三）公共服务

1.基础设施及配套服务

厦门科技馆作为一座现代化、综合性的科普场馆，致力于为公众提供全方位、高品质的服务体验。在服务设施方面，科技馆精心规划并配备了多项便民设施，以满足不同参观者的需求。馆内设有宽敞明亮的餐饮区，提供各类美食饮品，让参观者在享受科普盛宴的同时，也能品味美食的乐趣。此外，洗手间、母婴室等卫生设施一应俱全，为参观者提供干净舒适的环境。寄存柜和导览手册的设置，方便参观者存放物品并获取展览信息。定时讲解服务由专业讲解员提供，让参观者更深入地了解展品背后的科学原理。同时，科技馆还设有宽敞的停车场，方便自驾参观者停放车辆。此外，科技馆还特别关注无障碍设施的建设，为残障人士提供便捷的参观体验。最后，科

---

① 2023年9月25日，唐山市科协主办的东北亚创新论坛之科技馆馆长论坛上，厦门科技馆副经理、高级工程师吴毅作题为"厦门科技馆企业化运营机制探讨"的报告。

技馆内覆盖无线网络，让参观者在享受科普之旅的同时，也能随时保持网络连接。

2.功能区及展品展项

厦门科技馆设有多个功能展区，每个展区都独具特色，涵盖了从古代科技智慧到现代科技创新的丰富内容。序厅的水钟展现了古代计时技术的精妙，海洋摇篮馆带领游客深入探索海洋的奥秘，探索发现馆通过互动展品让科学变得触手可及，创造文明馆则展示了现代科技的魅力与成果。和谐发展馆关注人与科学的和谐共生，而儿童未来馆则为孩子们提供了一个充满乐趣的科学探险空间。这些展区及其展品展项共同构成了一个充满知识与乐趣的科技馆，让游客在轻松愉快的氛围中感受科学的魅力。具体展厅内容如下。

序厅：序厅作为前奏，镇馆之宝为高达7.4米的水钟。它采用北宋水运仪象台的核心技术，以水为动力进行计时，展现了古代人民的智慧。

海洋摇篮馆：海洋摇篮馆，即海洋馆，聚焦于海峡两岸的海洋科学。通过文字、图像、互动游戏等形式，展示生命、海峡、极地与海洋的密切关系，旨在唤起公众保护海洋生态的意识，促进人与海洋的和谐共生。

探索发现馆：探索发现馆是科技馆最大的展区，涵盖光学、声学、力学、电磁学等多个自然科学领域。通过可动手操作的展品，如磁电大舞台、镜子迷宫等，参观者在互动体验中感受科学的魅力。

创造文明馆：创造文明馆展示了互动多媒体、人工智能等现代科技。数码天地、机器人乐园等区域，展示了人类在科技领域的创新成果，让参观者领略科技的无穷魅力。

和谐发展馆：和谐发展馆以"人·生命·科学"为主题，包含生命健康展区、地震模拟体验区等。生命健康展区作为厦门首个健康主题乐园，通过多媒体等手段展示人与生命科学的和谐关系。

儿童未来馆：儿童未来馆以"冒险岛"为主题，设有丛林探险、水流探秘等区域，以及国内首个失仪园等展品。这里是激发孩子探索求知欲望的冒险天堂，让他们在快乐中感受科学的乐趣。

在设施维护方面，科技馆定期对展品和设施进行检查和维护，确保其正

常运营和安全性。此外，科技馆还配备了专业的维护团队，能够及时处理各种突发情况，确保参观者的正常参观体验。

3.科普教育服务

厦门科技馆提供包含线上和线下的多类科普教育服务。线上科普包括宅家战役3合1、宅在家里玩科学、空中课堂等。线下科普包括校外研学基地、遇见科学、科技馆奇妙夜、自创科普剧等，如表2-4所示。

表2-4　厦门科技馆科普教育服务活动

类型			活动内容
科普教育	线上	宅家战役3合1	"厦门科技馆在线"微信公众平台发布
		宅在家里玩科学	全国科技馆联合行动——科学实验挑战赛
			科学实验DIY线上挑战赛
		空中课堂	科学防疫，科普先行——厦门科技馆开启多样化科普活动
	线下	固定	校外研学基地	厦门科技馆于2008年成立研学中心，有自行研发的创E机器人、创E编程和乐i科学三大系列课程体系
			遇见科学	将已有展品结合体验主题开设导览路线
				活动开展的数年间，邀请过科学松鼠会、《最强大脑》、日本索尼探梦科技馆、元智大学、英国皇家化学会、清华大学等为厦门科技馆助阵
			科技馆奇妙夜	2021年厦门科学之夜主题活动在厦门科技馆举行
			自创科普剧	魔幻烧脑科普剧 *Which Hand* 及听觉中枢的"华丽冒险"——《"声"东击西》

续表

类型			活动内容	
科普教育	线下	流动	馆校合作、产学共赢	2023 年 5 月 25 日，厦门市华师希平双语学校与厦门科技馆携手共建"青少年科创素质成长中心"
				与厦门实验小学开展"第二课堂"馆校合作科普活动
				"你好科学家"馆校合作主题活动
			科学在路上	科普进校园活动
			社区联建活动	厦门科技馆与东荣社区开展共建联建活动
科技竞赛			中国青少年机器人竞赛	
			FIRST LEGO League 系列赛事	
			VEX 机器人世界锦标赛	

　　厦门科技馆于 2008 年成立的研学中心，是以科技馆展厅和海沧研学基地为实践基地的教育中心。中心致力于为学生提供丰富多样的科学教育和实践机会，结合先进的科技设施和专业的教学资源，打造出一系列具有创新性的课程和活动。研学中心现拥有自行研发的创 E 机器人、创 E 编程和乐 i 科学三大系列课程体系，含创 E 机器人、编程、机器人竞赛、机甲大师、乐 i 科学、航模等课程。同时还开展生命研学、人工智能、自然科学、航天航空等主题研学活动。

　　在流动科普服务方面，厦门科技馆推动馆校合作、构建"科学在路上"系列品牌公益项目、与社区共同开展联建活动等。

　　4.信息化建设服务

　　厦门科技馆、研学中心及研学基地均通过各自的公众号，为公众提供了全面、便捷的信息服务。这些公众号不仅实时发布科技馆的最新展览信息、活动预告，还提供了丰富的科普知识和互动体验，如图 2-8 所示。

　　在展馆内部，厦门科技馆采用了先进的信息化技术，如智能导览系统、

互动展示设备等，为游客提供更为沉浸式的参观体验。游客可以通过智能导览系统获取详细的展览介绍和路线规划，而互动展示设备则让游客能够亲身参与科技实验，深入了解科学原理。在内部管理方面，厦门科技馆利用信息化手段提升了工作效率。通过信息化系统，科技馆可以实时掌握游客流量、展览效果等数据，为优化服务和管理提供有力支持。

此外，厦门科技馆还注重信息化服务在教育和科普方面的应用。通过线上课程和讲座，科技馆将科学知识传递给更广泛的受众，特别是青少年群体。这些线上资源不仅丰富了教学内容，还提高了学生的学习兴趣和积极性。

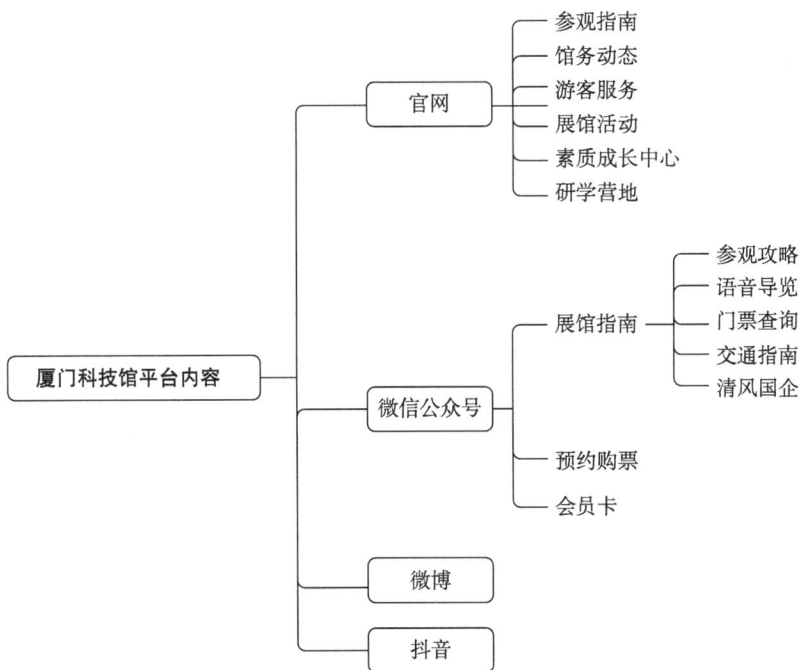

图 2-8 厦门科技馆平台内容

（四）运营模式

厦门科技馆采取"部分业务委托第三方运营公司"的方式开展场馆运营，将展览策划、教育活动设计、市场营销推广、游客服务、技术支持和设备维

护等工作进行委托。针对此种运营模式，下面将具体从运营理念、运营基础、运营特点及运营效果 4 个方面展开分析。

1.运营理念

厦门科技馆秉持"以人为本""让科学更好玩"的理念，始终致力于为每一位参观者提供富有吸引力的科普体验。在这一理念的指引下，科技馆不只是一个展示科学知识的空间，更是一个激发好奇心、培养创新精神的互动场所。"以人为本"意味着科技馆始终把公众的需求和体验放在首位。科技馆不断开发创意项目，使科学教育更加灵活和吸引人，激发每个个体主动参与的热情。

2.运营基础

从发展需求来看，厦门科技馆所采取的"部分业务委托第三方运营公司"取决于以下基础：

首先，资源优化配置，聚焦专业化管理。随着科技馆功能的扩展和参观者数量的增长，科技馆内部资源的压力逐渐增大。厦门科技馆通过将展览策划、教育活动设计、市场营销推广等业务委托给第三方运营公司，能够有效释放人力、物力资源，将更多精力集中于核心整体管理。科技馆不必长期雇佣和培训大量人员处理各类复杂的业务，而是通过与外部公司签订合同，以更加灵活的方式应对具体需求，避免了内部人力和设备的重复投入。第三方公司凭借其专业的管理和运营经验，能够进行高效管理，使得资源的配置更加灵活，提升了整体运营效率。

其次，多元化收入。为了实现可持续发展，厦门科技馆探索多样化收入来源，通过委托第三方运营公司，科技馆能够更多地通过开发教育产品、举办各类付费活动和讲座等方式实现收入多元化，构建更加稳定的财务基础。

最后，市场化运营。与第三方运营公司合作，可以借助其专业的市场推广团队，制定更加有效的品牌宣传策略。通过精准的市场定位、社交媒体营销、线下活动推广等手段，科技馆能够吸引更广泛的受众，提升品牌形象。这种品牌提升不仅有助于吸引新观众，还能增强与现有观众的黏性，使其成为科技馆的忠实支持者。并且，专业公司通常具备敏锐的市场洞察力，能够迅速识别流行趋势和公众兴趣的变化。厦门科技馆通过与这些公司的合作，

灵活调整展览和活动内容，以适应不断变化的市场需求，确保科技馆始终保持吸引力。

3.运营特点

从具体业务来看，厦门科技馆有如下运营特点：

第一，覆盖多元业务的科普产业链式发展格局。四大核心业务分别是场馆建设咨询业务、科普场馆运营业务、科学教育业务及科普研学业务，整体覆盖上游（运营建设者）、中游（基础、优势与支撑）及下游（教育功能）延伸3个阶段。厦门科技馆灵活运用第三方运营公司的专业经验，进行市场调研和分析，确保推出符合观众需求和市场趋势的活动与展览，不断探索新的服务项目与科普活动。例如，厦门科技馆素质成长中心是全国科学素质教育最早的一批探索者之一，是厦门首批科技类校外"白名单"机构，累计培养学员超20万名。中心研发了创E机器人、创E编程和乐i科学三大课程，逐步形成以科技课程为特色、科创赛事为渠道，以及以科学营队和科普研学为亮点的科技创新教育体系。中心依托1万平方米的科普展厅，充分整合科学资源，搭建多元化的科学教育平台，深入挖掘科学教育的内涵，构建开放而多样的社会合作体系。多名核心骨干已正式受聘为厦门市中小学校的科学副校长，现已入驻超过20所学校履行职责。通过与学校的合作发展，中心积极共建共享科学教育成果，共同开发特色科学课程，打造特色科学实验室，助力学校科学特色品牌的建设，为青少年科学素养的提升和科技创新能力的培养贡献力量。

第二，收入与支出构成丰富多样。2022年，科技馆门票业务作为核心收入来源，年收入稳定在3500万元和6500万元之间，为科技馆的日常运营提供了重要支撑。此外，科技馆培训业务也占据了一定比重，年收入在1500万元和2000万元之间，通过提供专业的科普教育服务吸引了大量学员。同时，科技馆研学业务作为新兴的业务板块，也取得了显著成效，年收入达到3000万元，为青少年提供了丰富的实践学习机会。此外，行业巡展及商展业务也为科技馆带来了一定的收入，年收入约为900万元。在多元化经营策略下，科技馆还拓展了咨询及代建业务，该板块年收入达到2000万元，为科技馆的持续发展注入了新的动力。最后，科技馆还获得了政府的财政补贴，其他收

益中的财政补贴达到 1340 万元，进一步提升了科技馆的经济实力。这些多元化的收入来源共同构成了厦门科技馆稳定的收入结构。支出结构丰富且多元，涵盖多个方面以确保科技馆的顺畅运营与持续创新。在内部支出方面，科技馆注重人工成本的合理安排，以吸引并留住高素质的员工，提供优质的科普服务；同时，日常维护、改造及水电物业费用等支出也是必不可少的，它们确保了科技馆设施的正常运营和环境的整洁舒适。此外，折旧与摊销支出反映了科技馆资产价值的合理分摊，为科技馆的长远发展提供了经济保障。在营销成本方面，科技馆投入资金进行宣传推广，以吸引更多公众前来参观，扩大科普影响力。办公费用及安全生产费用的支出则体现了科技馆对日常运营和安全生产的高度重视。除了内部支出，外包支出也是厦门科技馆支出结构中的重要组成部分。科技馆通过与专业的外包公司合作，将部分业务如展览设计、活动策划等交由外部团队完成，以提高工作效率和专业性。这些外包支出不仅有助于科技馆实现资源共享和优势互补，还能够为科技馆带来更多的创新元素和专业经验。

第三，提升文旅价值，融入城市品牌建设。厦门科技馆通过提升文旅价值，有效融入城市品牌建设，成为推动城市发展的重要力量。科技馆不仅是科学教育和科普传播的中心，还是文化与科技创新交汇的窗口，不断强化自身在提升城市核心竞争力和塑造城市品牌中的作用。2013 年，厦门科技馆引入互联网运营思维，打造"厦门亲子游目的地"，面向全国市场推广。以"科技＋文化＋旅游"为核心理念，科技馆成了吸引外来游客的重要文化地标，助力厦门打造更具吸引力的城市品牌。在这种多元融合的模式下，科技馆成了厦门城市创新能力和现代化形象的重要象征，是传递城市核心价值、提升文化软实力的关键力量。

4.运营效果

厦门科技馆每年精心策划并开展超过 300 场丰富多彩的展教活动，内容涵盖深度看展品、疯狂实验室表演及各类主题活动，旨在为广大公众带来极具互动性和趣味性的科普盛宴。这些活动深受欢迎，累计吸引了超过 10 万人次的参与，充分展现了科技馆在科普教育领域的广泛影响力和深厚实力。此外，科技馆还积极开展走进校园和社区的活动，平均每年举办 30 场。通过这

一举措，科技馆成功地将科普知识送到更多人的身边，让更多人能够近距离感受科学的魅力。这些活动不仅丰富了校园和社区的文化生活，也有效提升了公众的科学素养和创新能力。

厦门科技馆以其丰富的展览内容和互动体验，吸引了众多公众前来参观，公众参观满意度高达98%，这一数据充分彰显了其在科普教育领域的卓越成就和广泛认可。在常住人口约为530万人的厦门市，中小学及幼儿园在校生数量约为75万人。2019年，厦门科技馆接待了高达207万人次的参观者，这一数字不仅展现了科技馆的极高人气，也凸显了其在推动当地科普事业发展中的重要地位。

在参观者构成方面，厦门本地居民占比约为36.5%，他们通过购票方式参观的人数达到了71 002人次，显示了本地居民对科技馆的高度认可和支持。此外，旅游年卡参观者更是高达193 216人次，充分展现了科技馆作为旅游目的地的吸引力。来自厦门以外城市的游客占比约为63.5%，其中省内其他城市购票参观者人数为174 039人次，省外城市购票参观者更是达到了285 426人次。这不仅体现了厦门科技馆在吸引外地游客方面的强大实力，也反映了其在推动全国范围内科普教育普及工作中的积极作用。

厦门科技馆在科学普及和公众教育方面的活跃度和影响力在多家主流媒体上得到了体现。其中，工人日报社报道了其与果壳数字科学馆合作推出的硬科幻科普体验展"走！去火星"，为观众带来了沉浸式的火星探索体验；厦门卫视的主持人则在《打卡两岸》节目中详细介绍了这一展览，展现了孩子们在火星科普体验中的乐趣；厦门日报社在报道中提到，在中秋节、国庆节期间，厦门科技馆成了亲子游的热门打卡地，家长和孩子们共同享受了"科普游"的乐趣。这些报道共同展现了厦门科技馆在推动科学普及和公众教育方面所作出的积极贡献。

第 3 章
唐山市科普工作概况

一、唐山市概况

唐山市，是位于河北省东部的地级市，地处环渤海地区中心地带，北依燕山，南临渤海，东与秦皇岛接壤，西与京津毗邻，为华北与东北通道的咽喉要地，不仅地理位置显要，更在经济、文化等多方面展现出其独特的魅力。作为一座有着百年历史的重工业城市，茅以升、竺可桢、张广厚、裴文中、贾兰坡、岳美中等驰名中外的科学家曾在这里学习和工作，这里诞生了我国的第一座现代化煤井、第一条标准轨距铁路、第一台蒸汽机车、第一袋水泥、第一件卫生瓷等具有近代工业标志的产品，被誉为"中国近代工业的摇篮"。

唐山是文化交融的典范，作为少数民族散居地，有 52 个少数民族共同生活，为城市增添了丰富的文化色彩。同时，唐山市还是中国评剧的发源地，"冀东三支花"——皮影、评剧、乐亭大鼓更是被誉为国家级非物质文化遗产，体现了其深厚的文化底蕴。唐山市还十分注重经济与教育的协调发展，人才是推动城市持续发展的关键，唐山市在教育领域投入了大量的资源和精力，旨在培养出更多高素质的人才，为城市的未来发展注入源源不断的活力。

（一）自然资源

2023 年，唐山市土地总面积 141.29 万公顷，其中耕地 50.60 万公顷、种植园用地 15.01 万公顷、林地 16.54 万公顷、草地 5.27 万公顷、湿地 4.40 万公顷。唐山市拥有 51 种矿产资源，其中近 30 种已开发利用，主要矿种包括

煤、铁、金、石灰岩、冶金用白云岩、石油和天然气等。唐山市管辖海域面积 4336 平方千米，拥有大陆海岸线 251.33 千米。按照"全口径湿地"统计，2023 年，唐山市湿地面积为 17.46 万公顷，占全省湿地面积的 23%。其中，通过生态保护红线、自然保护地、重要湿地及其他形式保护的湿地面积为 4.62 万公顷，湿地保护率 26.4%。唐山市沿海湿地是东亚—澳大利西亚鸟类迁徙路线的重要停歇地，每年有近百万只候鸟在此停歇、越冬和繁殖。全市有鸟类等陆生野生动物 462 种，其中包括国家一级保护陆生野生动物 30 种，国家二级保护陆生野生动物 88 种，省级保护陆生野生动物 128 种。唐山市有 25 处自然保护地，包括省级自然保护区 2 处、省级风景名胜区 10 处、森林公园 8 处、地质公园 3 处和省级湿地公园 2 处。

（二）人口与经济

1.地区生产总值

近年来，唐山市的地区生产总值呈现出明显的上升趋势，2014 年至 2023 年地区生产总值由 5085.6 亿元增加至 9133.3 亿元，如图 3-1 所示。唐山市地区生产总值的持续增长得益于产业结构调整、创新驱动发展战略的实施、重点项目的推进及营商环境的优化。特别是近年来，唐山市加大了对高新技术产业、现代服务业和先进制造业的支持力度，推动了经济结构的优化升级和经济增长方式的转变。未来，唐山市也将继续加强经济结构调整和创新驱动发展等方面的工作，以实现更高质量、更可持续的发展。

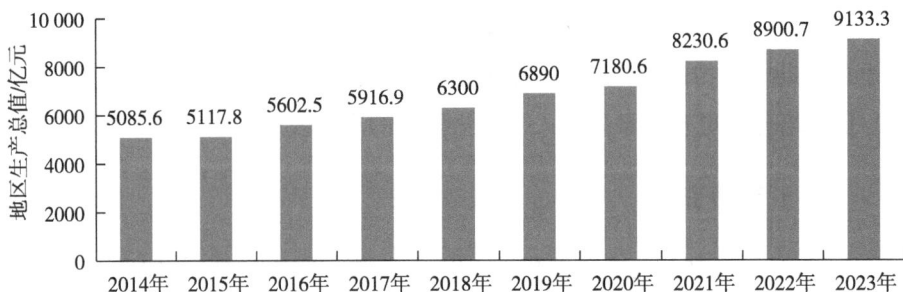

图 3-1　2014—2023 年唐山市地区生产总值

数据来源：唐山市统计局。

2.产业结构

2014—2023 年，唐山市产业结构呈现出第一产业比重逐渐降低、第二产业和第三产业比重逐渐上升的趋势。这种变化反映了唐山市经济结构的不断优化升级和经济发展方式的转变，如图 3-2 所示。2023 年全年地区生产总值9133.3 亿元。其中，第一产业增加值 655.2 亿元，第二产业增加值 4660.0 亿元，第三产业增加值 3818.0 亿元[①]。三次产业增加值占比分别为 7.2%、51.0%和 41.8%。

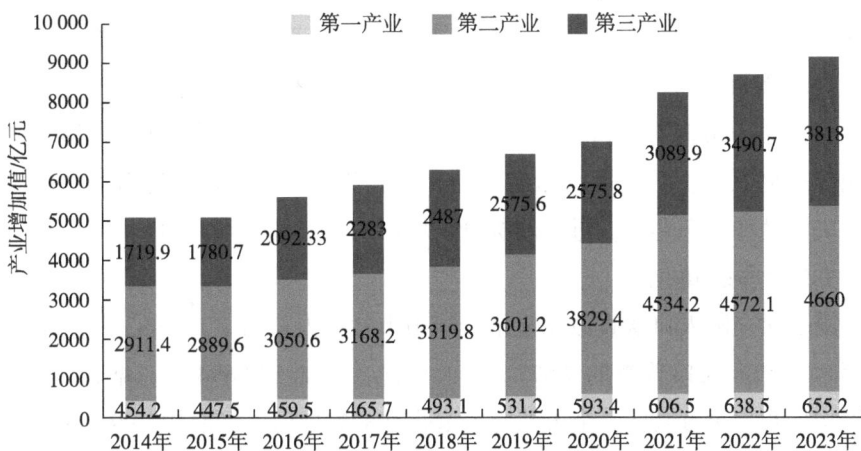

图 3-2　2014—2023 年唐山市三次产业增加值

数据来源：唐山市统计局[②]。

唐山市的第一产业以农业为主，虽然在经济总量中的占比相对较低，但仍保持着稳健的发展态势。近年来，随着农业现代化进程的加快，唐山市农业结构不断优化，农产品质量和效益显著提升。

第二产业是唐山市经济的支柱，以工业为主，尤其是钢铁、水泥、化工等传统重工业在全国乃至全球都具有重要地位。钢铁产业是唐山市的标志性

[①]　部分数据由于四舍五入，存在分项合计与总计不等的情况。

[②]　唐山市 2023 年国民经济和社会发展统计公报［EB/OL］.（2024-03-29）［2024-12-01］.
https://www.tangshan.gov.cn/u/cms/www/202404/080913068knx.pdf.

产业，唐山市拥有世界最大的钢铁产业集群，产量稳居全国前列。近年来，唐山市在保持钢铁产业优势的同时，积极推进产业结构优化升级，大力发展精品钢铁产业，提高产品附加值和市场竞争力。此外，唐山市还积极培育新兴产业，如高端装备制造、新能源与新材料等，为工业经济注入了新的活力。

随着经济的不断发展和城市化进程的加快，唐山市的第三产业也呈现出蓬勃发展的态势，涵盖了商贸物流、金融服务、文化旅游等多个领域。唐山港作为全国重要的港口之一，货物吞吐量位居全国前列，为唐山市的商贸物流业提供了强有力的支撑。同时，唐山市还积极引进金融机构和金融服务企业，推动金融业的快速发展，为实体经济提供了有力的金融支持。在文化旅游方面，唐山市拥有丰富的历史文化遗产和自然景观资源，如清东陵、南湖公园等著名景点，吸引了大量游客前来观光旅游。唐山市还通过举办各类文化节庆活动和体育赛事，进一步提升了城市的知名度和影响力。

3.人口与城镇化

第七次全国人口普查数据显示，唐山市常住人口为 7 717 983 人，与 2010 年第六次全国人口普查的 7 577 289 人相比，增加 140 694 人，增长 1.86%，年平均增长率为 0.18%。全市共有家庭户 2 837 237 户，集体户 99 973 户，家庭户人口为 7 245 356 人，集体户人口为 472 627 人。平均每个家庭户的人口为 2.55 人，比 2010 年第六次全国人口普查的 3.04 人减少 0.49 人。

唐山市作为河北省的重要城市，其城镇化进程得到了国家和地方政策的支持。近年来，唐山市通过优化城镇布局、完善基础设施、提高公共服务水平等措施，促进了城镇化水平的不断提升。2023 年底，唐山市的常住人口城镇化率为 66.71%，相较于 2022 年的 65.79%，提高了 0.92 百分点。

（三）科技与文旅

1.科技创新

截至 2023 年底，唐山市拥有普通高等学校 13 所，在校生 22.4 万人，其中研究生 5984 人；2023 年新招生 7.2 万人，其中研究生 1991 人。

唐山市在科技创新方面的资金投入也逐年增加。以 2022 年为例，唐山市

全社会研发经费投入总量达到 185.63 亿元，居全省第一位。

2023 年底，全市拥有省级以上重点实验室、技术创新中心和产业技术研究院等科技研发平台 119 家。河北省首家省实验室——河北省钢铁实验室、首批省高能级技术创新中心——河北省轨道车辆高能级技术创新中心落户唐山。2023 年底，拥有国家级高新区 1 个，省级高新区 1 个；省级以上农业科技园区 10 个。国家级科技企业孵化器 3 家，省级 19 家；国家级众创空间 8 家，省级 17 家；高新技术企业 1720 家，其中 2023 年新增 161 家。

2023 年，全市专利授权 11 128 项，有效发明专利 8273 件，比上年增长 21.5%；每万人口高价值发明专利拥有量 3.28 件，比上年增长 36.1%。全年引进科技成果 162 项。

2.文化和旅游

唐山文旅资源优越，山、海、湖、岛、湿地等丰富的自然景观与长城、皇陵、红色圣地、工业文明等多样的文化资源交相呼应，形成了北部长城山水、中部城市休闲、南部滨海度假三大文旅产业融合发展格局，是中国优秀旅游城市、国家公共文化服务体系示范区，也是国家文化和旅游消费试点城市。

二、唐山市科普工作概况

（一）唐山市公民科学素质状况

根据习近平总书记关于"科技创新、科学普及是实现创新发展的两翼"的重要指示精神，为贯彻落实《全民科学素质行动规划纲要（2021—2035 年）》和《河北省全民科学素质行动规划纲要实施方案（2021—2025 年）》，唐山市在 2022 年印发了《唐山市全民科学素质行动规划纲要实施方案（2021—2025 年）》，面向青少年、农民、产业工人、老年人、领导干部和公务员五大重点人群，开展科学素质提升行动。

唐山市科协积极开展 4 项重点工程，助力公民科学素质提升。

第一，科技资源科普化工程。建立完善科技资源科普化机制，促进科技

资源向科普资源转化。具体措施包括：开展科技资源科普化专项行动，建立品牌活动和首席科普专家制度。激励高校、研究机构、企业和社会组织利用科技资源进行科普，如促进重点实验室等创新基地开展社会科普，鼓励企业建立公共科普设施。提升科技工作者科普技能，积极解读科技成果，为社会热点问题积极发声，培育科学理性的社会环境。

第二，科普信息化提升工程。加大科普创作的扶持力度，实施全媒体科学传播能力提升计划，推进智慧科普建设。具体措施包括：构建全媒体科普体系，整合传统媒体与新媒体，推广公益科普广告，增强主流媒体科普力度，设立专栏。培养新媒体科普能力，加强与科研机构合作，提升传播权威性。整合"科普中国"与市级平台，打造网络科普与辟谣平台，优化科普资源分配，支持教育与智慧城市发展。

第三，科普基础设施工程。加强科普基础设施建设，创新现代科技馆体系，建设科普基地。具体措施包括：稳步推进现代科技馆体系建设，以服务和实效为核心，促进科普服务的公平普及。优化共享科技馆、乡村科技馆和校园科技馆的功能。加强科普基地建设，鼓励单位参与创建，利用图书馆、文化馆等公共设施开展科普活动，扩展服务功能。同时，提升公园、自然保护区等公共场所的科普服务水平，开发工业遗产等科技教育场所。

第四，基层科普能力提升工程。提升应急科普能力，健全基层科普服务体系，加强专兼职科普队伍建设，拓展国际科学传播交流渠道。具体措施包括：建立应急科普宣教机制，通过平台常态化推广传染病防治、安全生产等主题科普知识。普及应急知识至各行各业。完善基层科普服务，依托新时代文明实践中心等阵地，以基层科协"三长"和志愿服务为核心，实施科技志愿服务活动方案，促进文明实践中心建设，激励科技工作者参与志愿服务，树立先进典型。

中国科协与国家统计局第十三次中国公民科学素质抽样调查显示，2023年唐山具备科学素质的公民比例为14.9%，比2022年提高1.6%，增长幅度位居全省第一。

（二）唐山市全域科普改革创新情况

唐山市科协借鉴天津等先进地区经验，在探索中提出"全域科普"模式，在一定区域内将科普与经济社会发展有机结合，从而促进全民科学素质提升和经济社会协调发展，并以此为重点成功入选河北省科协新时代科协系统深化改革试点项目和中国科协 2023 年度科协系统深化改革试点示范与研究项目，全域科普已取得了初步成效。

唐山市不断创新提升科普内容、形式和手段，以线上线下相结合的方式开展沉浸式科普活动，并通过跨区域跨领域跨部门的科普合作，打造了一批影响大、水平高的科普品牌活动，如联合 17 家单位组织开展的 2023 年"全国科普日"唐山主场活动，达成意向投资总额超 1.5 亿元的"全国科技工作者日"河北主场活动，特邀中国工程院院士刘尚合、杜彦良、张英泽担任大赛评审委员会主任的第 37 届河北省青少年科技创新大赛等，这些品牌活动得到了大众认可，引领着全域科普工作的开展和实施。

结合新时代的科普需求，唐山市科协创新科普工作和服务模式，打造"五大品牌"，大力发展以"科普+"产业为重点的融合品牌，逐步构建"全领域行动、全地域覆盖、全媒体传播、全民参与共享"的全域科普新格局。

唐山市的全域科普改革，不仅是对传统科普模式的革新，更是对科普理念的升华。通过创新思路和多方协同，唐山市在全市范围内推动科普工作的全面覆盖和深入发展，形成了具有唐山特色的科普工作体系。

唐山市科协在全域科普工作中，从工作理念、导向、主体和模式 4 个方面进行了创新。

在工作理念创新上，市科协制定并印发了《唐山市科协全域科普改革试点工作实施方案》，强调以人民为中心，提高全民科学素质，确保 2025 年全市公民具备科学素质的比例达到 16%。

在工作导向创新上，突出青少年科技教育，打造"全域科普助力'双减'"品牌。组织开展了"科创筑梦、馆校共建"活动，承办了第 37 届河北省青少年科技创新大赛，举办了第 14 届河北省青少年机器人竞赛唐山赛区竞赛和 2023 年唐山市青少年机器人竞赛等。

在工作主体创新上，通过多部门、多单位联动，开展了丰富的科普活动。全国科普日期间，唐山市科协、市委宣传部等 17 部门联动推出"1+4+N+∞"的重点活动，其中 1 表示 1 个市级主场活动，4 表示 4 个专项行动，即部门主场活动、县（市、区）主场活动、全市系列联合行动和科普专项行动，N 表示 N 项重点活动。

在工作模式创新上，利用新媒体和信息技术，推动"科普+"或"+科普"融合发展，如"党建+科普""科普+科技""科普+旅游+文化"等模式，引发了全域科普的年度热潮。

第 4 章
唐山科技馆基本情况

    唐山科技馆作为公益性的科普教育场所，肩负着弘扬科学精神、普及科学知识、传播科学思想、倡导科学方法的使命，旨在提高全民科学素质并启迪青少年的创新意识。其发展历程可分为 2 个阶段：老馆时期和新馆时期。

    老馆的建设和运营情况为新馆的发展奠定了基础。唐山科技馆（老馆）于 2001 年 11 月对公众开放，位于市中心繁华地段，以其现代建筑风格成为唐山市的一道亮丽风景线。老馆建筑面积达 7500 平方米，不仅在展览布局上精心策划，其常设展览也深受观众喜爱，运营效果显著。新馆的建设和发展与老馆密不可分，是老馆的延续，更是在老馆基础上的创新与发展。新馆于 2019 年重新开放，位于唐山市新华道与卫国路交叉口，展现了规模大、主题新、功能全、模式新等特点。

    本章将简要回顾老馆的建设历程、展览布局、常设展览、运营情况及其效果，这些内容为新馆的介绍提供了历史背景。本章将重点介绍新馆的管理机制、机构设置、展厅布局、展品展项及运营效果，展现新馆如何在继承老馆的基础上，实现科普教育品牌的现代化和创新发展。通过这样的叙述，可以清晰地看到唐山科技馆从老馆到新馆的演变过程，以及两者之间不可分割的联系。

一、唐山科技馆（老馆）

    唐山科技馆（老馆）于 2001 年 11 月建成并对外开放。全馆建筑总面积

7500 平方米，展览总面积近 5000 平方米。地上一至四层共有序厅、力与机械、航天、电与磁、声与光、生命科学、数学、信息技术 8 个展区，陈列了 100 余件（套）展品；地下一层为四维电影和动感天地。在这里，观众不仅能涉猎数、理、化、力、声等学科门类的基础性科学知识与原理，还可以亲身观看及体验到国内和国际科技发展中具有前瞻性的高新科技展品。

作为唐山市实施"科技兴市"战略的重要公益性科学教育设施，唐山科技馆（老馆）本着科学精神与人本主义充分结合、高新技术与综合艺术完美结合、科技展示与科普教育紧密结合的办馆理念，大力弘扬科学精神、积极普及科学知识、广泛传播科学思想和科学方法，在提高唐山人民科学文化素养方面起到了不可替代的作用。唐山科技馆（老馆）开馆 10 年共接待参观群众 120 余万人次，为唐山市科普教育事业的发展和社会主义精神文明的建设作出了应有的贡献。2002 年，被评为"唐山市文明窗口单位"；2003 年，被命名为"河北省科普教育基地""河北省青少年科技教育基地"，同年荣获"全国科技馆创业奖"；2004 年，被唐山市评为"2004—2005 年度文明单位"，同年被中国科协评为"全国科普教育基地"；2011 年被评为"《全民科学素质行动计划纲要》（2006—2010—2020 年）实施工作先进集体"。

（一）建设历程

经过多年的筹备与建设，唐山科技馆（老馆）于 2001 年国庆节正式开放试运营。一座现代化的科学殿堂屹立在冀东大地，它造福了 700 万唐山人民，并对促进唐山市经济和社会的发展产生深远的影响。

唐山科技馆（老馆）的诞生，还需追溯到震后复建的 1983 年，当时市科协的代表向市人大常委会提出了建设唐山科技馆的议案，议案立即得到人大常委会的支持，并引起市委的重视，市委领导与市科协和市财政局的同志一起研究建馆资金问题。次年初，在市委的直接关注下，市科协领导积极奔走，广集资金并得到开滦矿务局、唐山机车车辆厂、唐山冶金矿山机械厂、启新水泥厂等单位的大力支持，截至 1984 年 10 月共征集到捐款 52.5 万元。当月市计委就批准了科技馆一期工程的立项。并由主管市长牵头与有关部门研究了科技馆的选址问题。1984 年 11 月初经市建设指挥部批准，唐山科技馆

（老馆）馆址定在市中心繁华地段的新华东道，占地 16 000 平方米。1985 年年初开始了建馆的前期准备工作，5 月 2 日派专人赴京拜访茹誉敖和茅以升老前辈，并请茅以升为唐山科技馆题写了馆名。5 月 5 日，经市编委批准，唐山科技馆建备处正式成立。1985 年 5 月 20 日唐山科技馆（老馆）一期工程开始施工。直到 1987 年 3 月一期工程竣工，建筑面积 3400 平方米。在这一建筑中办起了科技干部进修学院，开展科技培训、科普讲座和学术报告会。从此唐山市的科技教育工作有了一个稳定的基地。

进入 90 年代以后，为贯彻党中央、国务院科教兴国的战略和《关于加强科学技术普及工作的若干意见》（中发〔1994〕11 号）等文件的精神，唐山市委、市政府决定筹建科技馆二期工程，并将其列为唐山市 18 个重点建设项目之一。为克服资金紧张的问题，经多方选择合作伙伴，多次协商谈判，1993 年 5 月与交通银行唐山分行达成联合建设唐山科技馆（老馆）二期工程的协议。议定由市科协提供场地，由交行负责施工，共建科技金融大厦，竣工后按比例分配使用。后又经反复磋商、修改，1994 年 11 月市政府批准了市科协与交行唐山分行联合建设科技金融大厦的报告，保证了二期工程资金的及时到位。随后进入了二期工程的设计施工阶段，1997 年二期工程破土动工，直到 2000 年 6 月，地下 2 层、地上 4 层、总建筑面积为 7500 平方米的展教大楼主体工程完工。其后进入了展品征选和制作、展位规划设计、布展装修及展品的安装调试等多项工作的实施阶段。这些工作头绪多、要求细、技术难度高、工作量大、政策性强。为了做好这一阶段的工作，首先由科协领导带队组织专家几次到中国科技馆、天津科技馆和其他省市科技馆学习考察，编制了"唐山科技馆楼层平面图""唐山科技馆展品内容设计方案""唐山科技馆展品设计原理图集""唐山科技馆展品定位图""唐山科技馆展品制作基本要求""唐山科技馆布展施工评标办法"及相应的标书、合同等基础性工程文件，还制定了"唐山科技馆整体运作方案"。这些工程文件和方案都是经过反复修改、数易其稿才最后确定的。科协还利用装修工程开工前的间隙，举办了"崇尚科学文明，反对封建愚昧"大型图片展和"智能机器人"展览，使数万市民和青年学生受益。

进入新的世纪，市领导更加重视唐山科技馆的建设，并将其列入 2001 年

度市政府为群众办好的 20 件实事之一，提出"按照综合性、公益性、现代化的要求，做好展览规划设计，完成布展，确保年内开馆"的奋斗目标。年初市编委正式行文撤销唐山科技馆筹建处，设立唐山科技馆这一事业单位，该馆隶属科协领导，还任命了馆长。这既明确了工作责任，又大大激发了大家的工作热情。

随着科学技术的飞速发展，科技馆的功能不断增强。办好科技馆不仅需要高档次的硬件设施，更需要软环境的支撑。为了不辜负唐山市领导、唐山市人民和唐山市科技工作者的厚望，市科协的领导和科技馆的工作人员，就如何办好科技馆进行了深入细致的调查研究和科学的考察论证。市科协组成了以科协主席为组长的调研小组，奔赴中国科技馆、天津科技馆、江苏科技馆等处认真学习取经，并聘请中国科技馆的专家教授来唐亲临指导，市科协和科技馆内更是发生了多次热烈讨论。在吸取多方经验的基础上，唐山科技馆高起点、现代化、特色化、参与性的办馆思想与运作模式得以确立。

高起点，就是用高标准要求自己。唐山科技馆（老馆）全部建成后，总建筑面积 10 900 平方米，总投资 3000 多万元。唐山科技馆（老馆）的建设目标是充分利用硬件优势，努力采用现代化的管理手段，力争使科技馆的服务水平达到全国一流。

现代化，就是按照国际意义上的现代科技馆的模式，将唐山科技馆办成一个以科普展教为主要功能、以社会公众为对象的公益性的社会公共文化设施。通过开展科普活动，传播科学知识，倡导科学精神，培养科学方法，启迪创新思维，促进人才成长，提高市民的科学文化素质。

特色化，就是在展厅设置、展品设计等方面，充分体现唐山特色。将"五个第一"（第一座现代化煤井、第一条标准轨距铁路、第一台蒸汽机车、第一袋水泥、第一件卫生瓷）作为展教的重要内容，使观众看过展览后，不仅受到科学精神的熏陶，还受到爱祖国、爱家乡的教育，将科技馆变成精神文明建设的窗口。

参与性，就是提高观众的参与程度。与学校教育不同，科技馆是一个公众自我学习、自我教育的场所。科技馆的展品要以参与型、演示型、动手型的动态展品为主，从而达到激发观众对科学的兴趣和求知欲的目的。科协按

制定的工程文件顺利地进行了展品研制和布展装修等招标工作，并按行业规范制定了展品和装修工作的技术要求和验收标准等正式文件。另外，还请来中央美院的专家，对馆内的环境美化和灯光效果进行了指导。在大量准备工作完成之后，展品研制和布展装修工程先后紧张而有序地展开。展品研制项目经过招标，由清华大学、中国科学技术大学、天津科技馆等多家单位承担，布展装修工程经过招标，最后由两个较大规模的装饰工程公司承担，相关人员现场监督，及时检查，每天工作 12 小时以上，保证了工程的按时完成。

唐山科技馆（老馆）总建筑面积 7500 平方米，其中展教面积近 5000 平方米，占总面积的 60% 以上。地上四层共分 8 个展区，有 100 多件（套）展品，其中 80% 的展项参观者可动手参与，地下两层分别是动感电影和儿童科技乐园。

回顾场馆建设过程，市委、市政府的重视与支持至关重要。自提出建设议题以来，市委、市政府在批地、筹资、规划设计、施工装修和安装布展等各阶段亲自过问，多次现场解决问题并指导工作。市计委、建委、财政局等主管部门及时协调解决疑难问题，确保项目顺利推进。

此外，上级科协的关心和指导也是科技馆建设的重要支持。第九届全国人大常委会副委员长、中国科协主席周光召同志为科技馆题写馆名，对科协和科技馆的工作给予了巨大鼓舞。上级科协多次派专家来馆具体指导，从新展品的选择到现有展品的改进，再到展品和环境的安全防护乃至展品说明词的修改与定稿，都提出了切实可行的意见和建议，使科技馆的工作人员受益匪浅，积累了宝贵经验。

社会各界的帮助与厚爱也是唐山科技馆工作的有力支撑。建馆过程中，在市委、市政府的倡议下，从社会各界得到的捐赠数额便已达 200 万元，不仅解决了部分资金问题，还向社会宣传了科技馆。科协还组织了一些教育工作者和青少年外出考察，收集他们对展品和运作方式的意见和建议，使唐山科技馆这一新生事物，在社会上获得了广泛的支持。

市科协和科技馆工作人员的拼搏奋斗是科技馆快速、高效建成开馆的保证。从二期工程主体竣工到开馆的一年零四个月里，无论是负责展品的同志还是负责工程的所有在一线工作的同志都主动放弃了节假日和双休日，不

怕苦累、勤奋工作，发现问题并及时解决，这样不但保证了工期，而且保证了工程质量。

（二）展览布局

唐山科技馆（老馆）位于唐山市中心最繁华的地段，凤凰山南麓，抗震纪念碑东侧，占地面积 24 亩，建筑面积 7500 平方米。建筑风格极富现代气息，构成唐山市一道亮丽的风景线。唐山科技馆（老馆）十分注重展教楼整体形象建设。力求在展厅的色调、展品的布局、声光电的结合等方面达到内容与形式的和谐与统一。观众走进科技馆，犹如置身梦境，流连忘返。

展教楼是科技馆的主体，分地下 2 层，地上 4 层。展品涉及数、理、化、声、光、电、交通、能源、环保、航空航天、生命科学等 30 多个门类的基础科学和高新技术。地上 4 层 8 个展区，91 件（套）展品，地下 2 层分别为动感影院和儿童科技乐园。唐山科技馆（老馆）的展品以基础科学为主，兼顾某些前沿学科。为了提高广大观众的兴趣，深入浅出地传播科学知识，所有展品都集科学性、知识性、趣味性于一体，其中 90% 的展品观众能亲自动手实践，达到寓教于乐的效果。

展览分为常设展览和临时展览两类，常设展览设在一、二、三、四层，临时展览场地设在一层，常设展览和临时展览在一层共用同一场地。举办临时展览时将常设展览的展品临时撤出，没有临时展览时，常设展览继续展出。

一层展厅 1000 平方米，设置了序厅、力与机械、航空航天 3 个展区。序厅着重体现地方特色，以唐山的"五个第一"为中心，详细介绍唐山市在我国近代工业发展中的重要地位，并展现茅以升、张广厚、孙越崎、孙竹生等唐山科技名人的生平事迹。在力与机械、航空航天两个展区中，设有展现我国航空航天成就的运载火箭和卫星的缩比模型，以及磁悬浮列车、磁悬浮地球仪等展品。

二层展厅面积为 850 平方米，设有电与磁、声光世界两个展区，主要有以演示高压放电现象及原理应用为主的雅各布天梯、法拉第笼、沿面放电以及声聚焦、留影壁等展品。

三层展厅面积为 640 平方米，设有数学和生命科学两个展区。主要有倾

斜小屋、雏鸡孵化、人体骨架运动等表现生命科学的展品，以及莫比乌斯带、最速降线、猜生肖、猜姓氏等数学原理的展品。

四层展厅面积 522 平方米。设信息技术一个展区。观众可以通过网络教室进入互联网，还可以通过游戏，初步认识 CAD 和虚拟技术，提高参与者对信息技术学习的兴趣。主要有虚拟打排球、虚拟变脸、小小设计师等展品，使观众了解现代信息技术的发展与应用。

地下两层是动感影院和儿童科技乐园，2001 年底完成布展并开放。

（三）常设展览

科技馆一般是通过展览、培训和实验 3 种形式来实施自己的教育任务的。其中，展览教育是最基本、最主要的教育形式。展览又分为常设展览和临时展览 2 种类型，科技馆的性质和任务主要通过常设展览来实现。这种参与型的常设展览是科技馆教育和其他科普教育形式的主要区别，是科技馆生存发展的基础。建设科技馆时必须突出这一功能，并以此为龙头进行科技馆的其他功能配置。

1.设计原则

作为唐山市科普教育基地和精神文明建设的重要窗口，唐山科技馆面向普通公众，重点是青少年。展览设计应结合科技馆的性质、任务和特点，从实际出发，把握以下原则。

① 内容的选择和编排。展览内容的选择应从唐山地区观众的实际需求出发，以基础科学内容为主，兼顾某些前沿科学、高新技术内容的宣传普及；内容选择上要有所为有所不为，结合唐山科技馆的具体情况突出若干重点。

② 内容表达。展览内容的表达应充分体现科技馆的展览教育特征：吸引和鼓励观众动手参与，在主动参与中学习科学知识，体验科学思想和科学方法。为此，在展品表达上努力做到生动活泼、寓教于乐，保证 70% 以上的展品容许观众亲自动手操作，使其在参与过程中理解展品所表达的科学内涵，激发创造欲望。

③ 展品布置密度。根据各地科技馆的经验，展品布置密度以 25 ~ 35 平

方米/件为宜。鉴于此，拟设置 80 ~ 95 件展品。考虑到实际制作过程中存在失败的情况，应多做 2 ~ 5 件。

④ 展示环境和展示内容协调一致。环境设计包括两个方面：展品形象设计及参观和教育活动的环境设计。环境设计的基本任务是烘托并突出内容，修正和弥补内容的某些欠缺，和内容协调一致，为观众创造多彩的科学世界。总之，环境与内容是决定展览水准的两个不同侧面，二者相辅相成，不可偏废，构成有机的展览整体。

⑤ 确保安全。内容和环境设计必须确保观众、工作人员、展品和建筑物安全，杜绝重大隐患。

⑥ 努力降低成本。展览设计必须努力降低 2 类成本：一是展览设计制作的一次性投入成本，二是开展后的展览日常运营成本。

2.展区设置

常设展览共有 8 个展区，其位置及展品数如表 4-1 所示。

表 4-1　常设展览展区基本情况

序号	展区名称	楼层	展品数/件
1	序厅	1	3
2	航空航天	1	6
3	力与机械	1	15
4	声光世界	2	14
5	电与磁	2	17
6	数学	3	8
7	生命科学	3	17
8	信息技术	4	11
合计			91

3.常设展览展品目录

唐山科技馆（老馆）共有 4 层，其常设展览展品目录如表 4-2 所示。

表 4-2　唐山科技馆（老馆）展品目录

展厅	展区和展品		展示方式	展示内容
序厅		名人警句牌	展板	有关科技的名人警句，背景为开放的唐山夜景
		唐山科技发展史	操作	多媒体介绍唐山科技发展史
		科技馆导览系统	操作	多媒体介绍唐山科技馆
一层	航空航天展区	开滦煤矿的今昔	操作	以幻影合成形式表现开滦煤矿的过去和现在
		磁悬浮	演示	唐山科技第一的实物模型
		唐山的"五个第一"	操作	多媒体介绍唐山的"五个第一"
		火箭模型	陈列	国产主要火箭缩比模型
		卫星模型	陈列	典型国产卫星缩比模型
		投影演示火箭发射实况及航天知识	操作	可演示火箭发射实况及航天知识
	力与机械展区	大秤	操作	利用中国传统衡器，体现杠杆原理
		锥体上滚	操作	体验双锥由低向高运动的现象及原理
		拉起自己	操作	利用滑轮组体验力的扩张
		车轮转台	操作	演示角动量守恒定律
		动量守恒	操作	通过碰撞展示动量守恒定律
		万有引力	操作	模拟万有引力作用下宇宙中星体运动规律
		气流投篮球	操作	体现流体力学的原理
		涡流	操作	说明涡旋具有向心抽吸作用
		马德堡半球	操作	7 项真空试验

续表

展厅	展区和展品		展示方式	展示内容
一层	力与机械展区	肥皂膜	操作	多姿多彩的肥皂膜张力
		滚球	操作	多种机械组合，可数十人参与
		潜艇沉浮	操作	表现浮力
		售货机器人	演示	机器人售饮料
		打卡售票机器人	演示	机器人打卡、盖章
		机器人表演台	演示	提供机器人展品展示平台
二层	声光世界展区	窥视无穷	操作	光在两块平面镜之间的多次反射
		偏光镜、光柱	操作	演示视觉暂留原理
		旋转镜像	操作	利用光学反射原理造成影像倒立
		声悬浮	操作	演示物体在声场中移动的现象
		同自己握手	操作	凹面镜成像
		看得见　摸不着	操作	凹面镜成像
		光纤树	操作	光纤艺术造型
		奇妙的摆	操作	反映立体现象，使用光衰减镜
		激光琴	操作	光声转换
		留影壁	操作	体验荧光材料在光作用下的现象
		声音的影子	操作	观察琴弦的振动
		声聚焦	操作	声音在抛物面上的反射与汇聚
		排箫	操作	管中空气柱共振发声
		本市空气质量及天气预报	大屏展示	LED 大屏展示本市空气质量、天气预报、年月日时分秒、星期

展厅	展区和展品		展示方式	展示内容
二层	电与磁展区	范得格拉夫静电发生器	演示	高电压静电实验表演
		法拉第笼	演示	电磁屏蔽
		材料性能	演示	多种材料性能演示
		雅各布天梯	演示	电弧放电演示
		沿面放电	演示	沿绝缘体表面的辉光、滑闪放电演示
		辉光球	操作	辉光放电 φ0.3 米放电球
		磁路	操作	磁场分布
		魔盘	操作	三相感应电机工作原理
	电与磁展区	金属球	操作	演示磁场作用下无法抓到的金属球
		光磁电能转换	操作	演示电、磁、光、机械的能量转换
		电磁炮	操作	通过电磁力发射弹丸，表现电磁感应原理
		人体导电	操作	人体导电性能演示
		脚踏发电	操作	演示机械能转化为电能的原理
		风力发电	操作	风力发电原理演示
		海浪发电	操作	海浪发电原理演示
		能源知识问答	操作	多媒体演示能源的分类及应用知识
		磁悬浮列车	演示	演示磁悬浮列车的悬浮、导向及驱动原理

续表

展厅	展区和展品		展示方式	展示内容
三层	数学展区	双曲线槽	操作	双曲线性质
		数学游戏	操作	包括梵天之塔、华容道等4~6件展品
		猜姓氏、猜生肖	操作	数学二进制原理,揭露伪科学
		最速降线	操作	说明物体沿轨道下滑所用的时间取决于轨道的曲线形状,而不取决于轨道长度
		方轮车	操作	体验方轮车在倒悬链线轨道上行进的感觉
		勾股定理	操作	直观演示勾股定理
		哥尼斯堡七桥	操作	试一试谁能解答200年前数学家未能解决的课题
		莫比乌斯带	操作	演示一个运动的物体在一条轨道上通过两个面的现象
	生命科学展区	掰腕	操作	测量腕力
		耐力	操作	测量耐力
		摸高	操作	跳高测量
		人体全身模型	展示	人体模型动态展示
		手眼协调	操作	大脑协调视觉和手做相关运动的能力
		反应时间测试	操作	大脑和神经对信号的传输和处理速度
		平衡测试	操作	平衡能力测试
		倾斜房间	操作	大脑判断地面平斜的信号实验
		立体视觉测试	操作	立体视觉测试
		人体完整骨架运动	操作	由观众骑自行车带动骨架运动
		流光桶	操作	视觉暂留,体验动画感觉

续表

展厅	展区和展品		展示方式	展示内容
三层	生命科学展区	奇异画、胎儿发育	演示	投影显示视错觉画、胎儿发育阶段等
		雏鸡孵化	演示	鸡从受精卵到雏鸡的孵化过程观察
		生命诞生的故事	操作	计算机多媒体演示
		血型遗传规律	操作	通过拼图了解血型遗传规律
		生命知识问答	操作	计算机多媒体演示
		生物克隆技术	展示	挂图展示
四层	信息技术展区	人工接线台	操作	早期磁石式人工交换机
		可视电话	操作	体验现代通信技术
		计算机构造	操作	计算机硬件构成
		internet 教室	操作	网络体验
		打排球	操作	虚拟现实技术体验一
		变形的脸	操作	虚拟现实技术体验二
四层	信息技术展区	虚拟演播厅	操作	体验当电视主持人的感觉
		谁能赢我	操作	和电脑比赛下棋
		小小设计师	操作	电脑设计建筑、美术、装潢、三维动画等
		汽车模拟驾驶	操作	体验驾驶汽车的乐趣
		唐山的光荣	展示	利用墙面展示中国科学技术发展史上有较大贡献的唐山人或在唐山工作和生活过的科学家

　　抓住社会对科技教育的需求热点，唐山科技馆（老馆）每年举办小型临时展览 1~3 个。展览地点在展厅一层。展览内容以科技和教育为主，可以自行设计、复制和邀请外单位来馆巡展。

（四）运营情况

为保证常设展览的正常运营，除事业单位有关部门的必要服务保证外，在馆长之下设立专门的展览教育部门，配备 15 名工作人员。其中，综合管理人员 1 名，展览教育人员 9 名，公关人员 2 名，硬件保障人员 3 名。

展览教育部门具有以下 3 种功能：

① 展览教育功能。组织观众参观展厅的现场展览教育活动；负责展品的运营管理和日常维护；负责展览教育效果的考察统计。

② 公关功能。组织观众来馆参观；围绕科技馆的业务组织各种活动；负责门票和各种宣教材料的设计、编写和印刷；开展馆际的常规交流活动；引进临时展览。

③ 硬件保障功能。维修展品，保证较高的完好率；更新展品。

（五）运营效果

唐山科技馆（老馆）于 2001 年 11 月 12 日正式开馆，并在这一年取得了显著的运营成果。

在展品征选方面，科技馆确立了"唐山特色、省内一流、国内先进"的展品设计指导思想，经过对中国科技馆、天津科技馆、上海科技馆等的考察调研，拍摄了 2000 余幅照片，整理了近 40 万字的说明及讲解材料，确定了展览内容设计方案，展品内容包括中国近代工业的"五个第一"及在唐山工作和生活过的知名科学家的简介，充分体现了唐山特色。

在环境装饰设计方面，科技馆的环境装修结合了科学和艺术，不仅符合相关法规要求，而且体现了较高的文化品质和科技内涵。精心绘制的 1~4 层展品定位图和环境效果图附有详细的文字说明。

在展品制作与环境装饰施工的招标工作中，科技馆严格遵循招标程序，确保公开、公平、公正，成立了由科协主席任组长的招标工作领导小组，负责相关事宜的策划、审计与监督，并由纪委、司法局公证处人员全程监督公证。2001 年 3 月 12 日，展品研制招标工作圆满结束。100 件（套）展品被清华大学、中国科学技术大学等 11 家单位中标，总金额 360 万元，比招标前报

价减少 130 万元，降低 36%，每件展品较全国平均价格减少近 5 万元。2001年 6 月 2 日，展厅环境工程向全市招标，共有 13 家单位参加投标，其中 2 家单位中标。

在展品制作与配套工程的实施过程中，尽管面临时间紧、任务急、人员少的困难，科技馆全体员工统一协调，确保展品制作安装调试、环境装饰工程和配套工程同时进行，并于 10 月底顺利完工。

唐山科技馆（老馆）运营首月共开放 25 天，接待观众 14 000 人次，平均日客流量 560 人次，观众主要来自本市中小学校和企事业单位。在展品方面，馆内展品完好率高于 90%，远远超过国内其他科技馆的首月展品完好率30%。唐山科技馆（老馆）开馆仪式获得了中央、省市领导和各地嘉宾的高度评价，他们称赞道："在短时间内以最少的资金和有限的人员建立了一座高档次、环境优雅的科技馆，堪称奇迹"。

二、唐山科技馆（新馆）

唐山科技馆是弘扬科学精神、普及科学知识、传播科学思想、倡导科学方法、提高全民科学素质、启迪青少年的创新意识的公益性科普教育场所，坐落于唐山市新华道与卫国路交叉口（卫国路 14 号），如图 4-1 所示。

新落成的唐山科技馆具有规模大、主题新、功能全、模式新等特点。唐山科技馆装修布展总投资 1.48 亿元，总建筑面积 41 000 平方米，属特大型科技场馆，其中常设展厅面积 17 000 余平方米，其规模档次居全国地市级前列。从地下一层到地上六层，共分布着标志性展项"天地人和"、儿童科技乐园、特效影院等八大主题展区 17 个分展区，共有 300 余件（套）常设展品，还设有科学秀场、青少年创客教育、短期展区、科普报告厅、双创中心、科技成果展示推广中心、科技工作者之家等科普工作配套区域。目前委托第三方公司进行整体社会化运营。

图 4-1　唐山科技馆（新馆）外观

　　唐山科技馆周二至周日开馆，向公众免费开放。自 2019 年开馆试运营至 2023 年底总计开馆 996 天，接待观众 106.2 万人次。在完成日常开馆运营的主责主业的同时，积极发挥科普阵地作用，积极推进各项工作。线上以微信公众号、抖音、快手等新媒体账号为载体加强科普宣传工作，线下以打造临时展览、科普主题特色活动、科学素养研学游、科技馆里的科学课、科普大篷车巡展、馆校共建等品牌科普活动为手段进行科普教育。

　　唐山科技馆以"探索·创新·梦想·共享"为主题，以"着眼全球、国内一流、唐山特色"为建设目标，遵循"贴近产业、贴近生活、贴近教育、贴近环境、贴近唐山"的设计原则，努力成为唐山市民终身学习的"课堂"、科技传播服务的重要"平台"、创新型人才培养的"摇篮"、中小学师生科学探索的首选"基地"及唐山科技文化旅游的"地标"。

（一）管理机制

　　唐山科技馆运营模式是由政府财政拨款、科技馆监督管理、第三方社会

化整体运营的模式。唐山科技馆实行唐山市科协领导下的馆长负责制，下设副馆长 2 名，分别负责办公室业务和场馆运营。运营部分由运营公司负责，下设综合部、财务部、展览教育部、科普活动部、研学部、观众服务部、影院事业部、设备维护部、物业管理部、后勤保障部及餐饮部。

唐山科技馆馆内日常工作有序开展，在制度完善、安全保障、人员培训和展品设施维护方面都取得了较好的成果。在疫情期间，馆内还制定了《疫情期间开馆方案》，加强疫情防控管理，保障安全有序运营。

唐山科技馆注重完善安全制度，对馆内各项管理制度进行制定、整理和落实，包括日常工作规范、各部门职责、各部门管理制度、考勤制度等，特别是观众意外伤害事件处理预案、重大事项报告制度、突发安全事项应急预案、消防安全管理制度、消防安全守则、消防应急预案、电梯安全管理制度等，将制度上墙，监督执行。为了保障观众安全，科技馆从组织培训演练和加强馆内巡检两个方面开展工作。2020 年，馆内组织员工针对观众参观安全和消防安全开展集中培训及问题解答 10 次，进行全员消防演练 2 次、急救演练 1 次，具体过程是熟悉消防设施使用方法，进行灭火实战演练、观众疏散演练，熟悉急救方法，指导观众遇到火情时的正确逃生及救护方法。自从开馆以来，馆内始终将消防安全放在心上，能够定期进行全馆消防培训及消防演习，做到防微杜渐、警钟长鸣。

在加强馆内巡检方面，馆内能做到反复检查安全隐患，做到开馆前检查、开馆中巡查、闭馆后排查。馆内空调设施 24 小时有专人值守，消防维保单位每周对馆内消防设施进行巡检 1 次，电梯维保单位每半月对电梯进行巡检维护 1 次。每天对新风、空调、消防、安防、电气设施、电梯等场馆基础设备设施进行定时巡查及检修，确保运转正常，保证人员安全；每日巡视场馆、查看设备，发现问题及时维修并上报处理发现的问题；配合空调、消防、电梯维保人员定期巡查及检修工作。技术人员每天闭馆后对馆内的用水、用电进行巡查，发现问题及时维修，杜绝跑冒滴漏；员工下班前对展厅及办公室用电进行检查，做到人走电断，巡查人员还会对馆内用电进行二次巡查，防止出现用电隐患。

在人员培训方面，馆内注重员工培训，致力于提高员工素质。2021 年进

行系统专业知识、讲解技巧等方面的培训共计 39 次，培训人数 733 人次；完成全体员工 1～4 层全部展项的讲解及操作方法培训工作。

在展品维护运营方面，唐山科技馆注重日常维护，保障运营。工作人员每日巡视展厅，检查展品运营情况，做好展品运营与维护台账。根据展品的运营及损坏情况及时进行维修，2020 年全年维修展品 500 余件次，2021 年全年维修展品近 600 件次。对于需要更换配件等无法解决的问题，将展品损坏情况和原因记录在案，立刻联系展品厂家探讨解决方案，提出合理化改进意见，督促并积极配合展品厂家对展品进行整改，保证科技馆能顺利运营。科技馆严格按照《运营管理服务公司考评办法》对运营管理服务公司进行考评、管理。监督运营公司工作，使其定时对所有的展品展项、设备设施进行检查，确保展品设备运转正常；强化后勤保障，确保科技馆能够顺利运营。

（二）机构设置

根据《科学技术馆建设标准》（建标 101—2007），工作人员与建筑面积的比值为 200 平方米/人，唐山科技馆建筑面积为 41 000 平方米，按此标准进行核算，唐山科技馆应配置 205 名工作人员。截至 2024 年 12 月，唐山科技馆运营工作人员实际为 107 人，部门设置如下：

① 综合部 9 人（负责办公室、人力资源、后勤保障、经营管理、信息发布等工作）。

② 展览教育部 30 人（负责展览教育、馆内讲解、展品展项看护、参观引导等工作）。

③ 后勤保障部 10 人（负责强电弱电检查维护、展品维护、基础设施设备维护维修保养、特种设备管理等工作）。

④ 观众服务部 8 人（负责观众进馆秩序维护、投诉意见处理、观众问询解答等工作）。

⑤ 物业管理部 30 人（负责馆内外环境卫生、展品展项卫生、安全保卫、车辆管理、人员参观秩序管理、突发安全问题处理、监控室及消防控制室 24 小时值守等工作）。

⑥科普活动部9人（负责馆内外科普活动的开展与谋划、科普培训、科普课程研发、科普大篷车、馆校共建等工作）。

⑦餐饮部6人（负责馆内参观人员用餐、员工用餐等工作）。

⑧特效影院部5人（负责特效影院设施设备管理、卫生、特效影视播放、制订播放计划等工作）。

唐山科技馆（新馆）组织架构如图4-2所示。

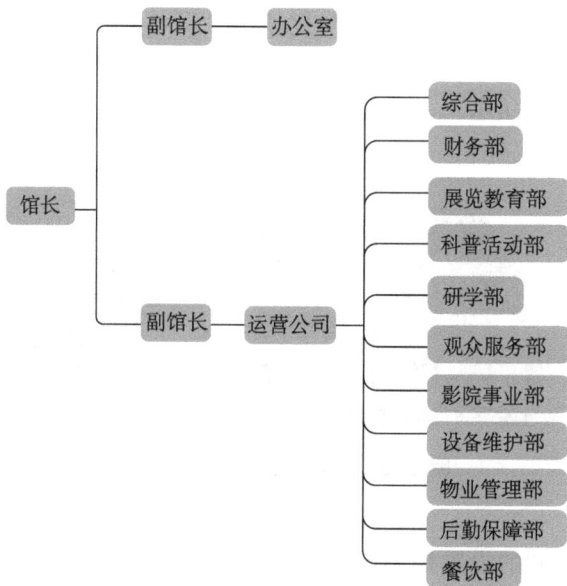

图4-2 唐山科技馆（新馆）组织架构

（三）展厅布局

科技馆拥有门类齐全的科技互动设施，从地下两层至地上六层，设有八大主题展区17个分展区，共有300件（套）常设展品展项。涉及环境科学、航空与航天、力与机械、生命科学、信息技术等不同学科领域，同时还设有短期展厅、科技工作者之家，以及餐饮区、停车场等配套区域。

（四）展品展项

唐山科技馆现有航空与航天、力与机械、生命科学、信息技术、环境科学等不同学科领域的展品300余件（套），资源单体丰度广。按照楼层进行区分，唐山科技馆主要有6层展区，每一层楼有不同的展区主题，并且配备售票处、服务台、餐厅、商店、洗手间、寄存处、扶梯、电梯等基础设施，为观众提供良好的服务保障。

1.儿童科技乐园展区和5个特效影院区（一层）

唐山科技馆内一层主要包含儿童科技乐园和5个特效影院，具体的展厅布局示意如图4-3所示。

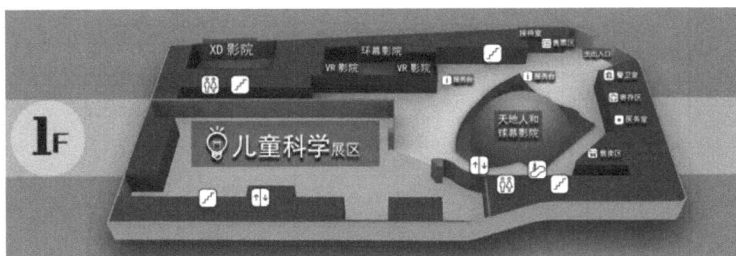

图4-3 馆内一层展厅布局示意

儿童科技乐园的设置是为了鼓励儿童主动探索，培育儿童的好奇心，实现儿童的多元智能开发。

5个特效影院通过立体投影、虚拟现实、交互体验等技术展示手段，为观众提供沉浸式体验，包括球幕影院1个、环幕影院1个、XD影院1个和VR影院2个，满足参观者的多种视觉需求。

一层展品展项丰富，如图4-4所示。此外，一层还包含富有内涵的标志性景观——"天地人和"展项。

图 4-4　馆内一层展品展项示例

5 个特效影院如下：

① 球幕影院。球幕影院坐落于标志性展项"天地人和"内部。外体为直径 14 米的 LED 显示球屏，内部是可容纳 46 人同时观影的球幕影院。外球与内球相结合的技术使得唐山科技馆的球幕影院成为国内首创、亚洲最大的内外双屏高科技展项，如图 4-5 所示。

② 环幕影院。环幕影院采用的是 360° 无拼缝的全视景显影技术，通过屏幕上超长跨度的广阔画面，结合全方位立体声，与影片情节相辅相成、完美配合，无论观众选择何种观看视角，均可清晰地观看相应视角的完整影像，如图 4-6 所示。

图 4-5　球幕影院

图 4-6　环幕影院

③ XD 动感影院。XD 动感互动射击影院在传统 4D 影院系统的基础上，增加了人机互动等新技术，合并了冷热风、喷雨、气味等一系列特效，加入参与者与影片内容的互动，参与者不再被动接受影片的视觉、听觉、触觉等体感冲击，而可以主动参与到影片的剧情当中来。例如，作为游戏的主角用手中的枪射击袭来的怪物，躲避机关陷阱。这种沉浸式模式不仅让观众能够体验一系列特效手段，还能使用专属设备与影片互动，增加了竞技娱乐新体验，如图 4-7 所示。

图 4-7　XD 动感影院

④ VR 交互体验影院。VR 交互体验影院多维度地调动观众的参与感受，形成沉浸式体验方式，如图 4-8 所示。

图 4-8　VR 交互体验影院

⑤ 富有内涵的标志性景观——"天地人和"。"天地人和"是唐山科技馆的标志性展项。它是由穿顶的北斗七星星空、后面的 LED 透明直幕显示屏和球幕影院外表面的 LED 发光显示球屏组成的大型多媒体秀。北斗七星象征着宇宙苍穹，背后的直幕屏象征着"人"的身躯，球屏象征着我们赖以生存的地球，三者有机结合，寓意为天、地、人。整个球屏的 LED 屏幕直径 14 米，其背后的 LED 直幕显示屏宽 5.2 米，高 32 米，贯穿所有楼层。演示时，球屏与直幕屏画面相互交错，将天顶造型、球幕与直幕呈现的多元立体影像进行联动演绎，形成天地一体的立体视觉效果。球屏独有的 360° 视角功能可让观众从任意角度进行观看，使各个楼层的观众均可在中庭围栏的位置欣赏到绚丽的画面，如图 4-9 所示。

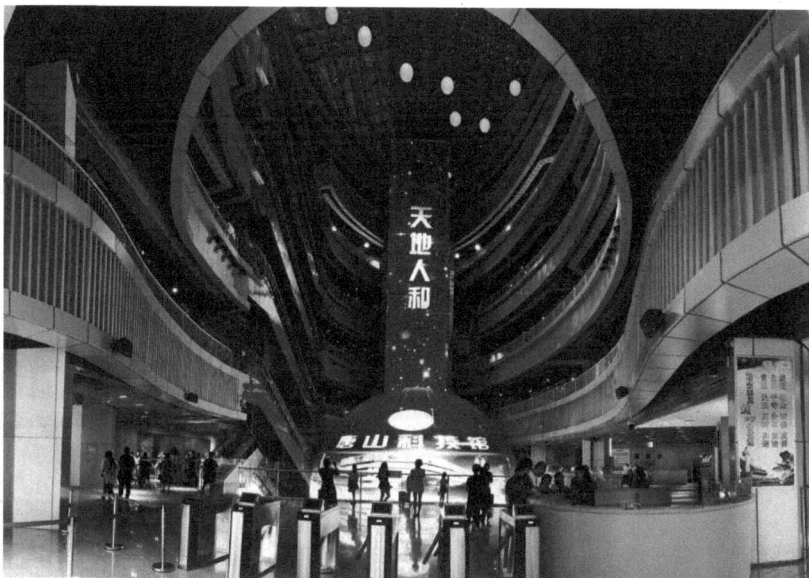

图 4-9 "天地人和"展项

4.2 科学探索展区和创客主题展区（二层）

唐山科技馆馆内二层主要是科学探索展区和创客主题展区，具体的展厅布局示意如图 4-10 所示。

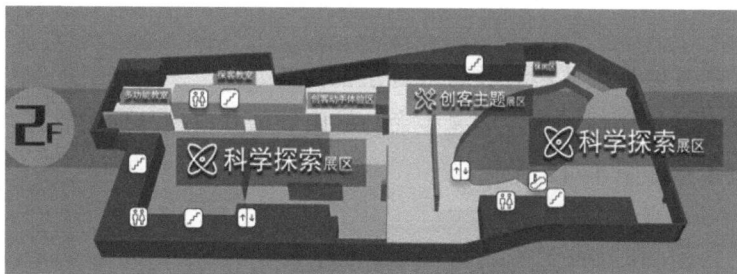

图 4-10 馆内二层展厅布局示意

科学探索展区紧扣中小学科学教育课程标准，将基础科学中的电磁、声光、力学、数学知识融入有趣的实验中，帮助孩子加深对知识的理解；创客

主题展区分为创客体验区、创客教育区和探客教育区 3 个板块，通过让孩子动手操作，直观体验科学的魅力，实现孩子的科学梦想。

二层展品展项中蕴含的科学知识能拓宽孩子的视野，如图 4-11 所示。

图 4-11　馆内二层展品展项示例

3.生命与健康展区和科技与环境展区（三层）

唐山科技馆馆内三层主要是生命与健康展区和科技与环境展区，具体的展厅布局示意如图 4-12 所示。

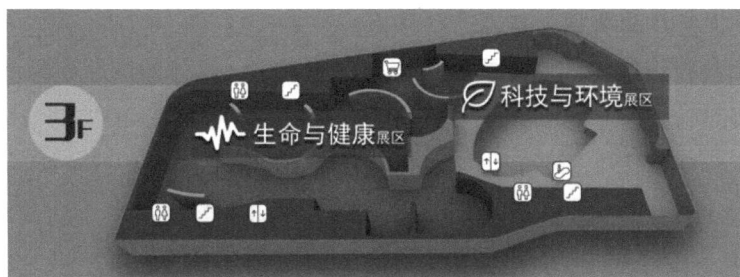

图 4-12　馆内三层展厅布局示意

　　生命与健康展区以"感悟生命奥秘·拥抱健康生活"为主题，让观众在体验中了解生命的神奇及养生知识；科技与环境展区以"爱护地球家园·共建和谐世界"为主题，强调人类与地球、自然、资源和环境之间共生共存的关系，倡导生态文明建设和可持续发展的理念。

　　三层展品展项与生命和生活息息相关，如图 4-13 所示。

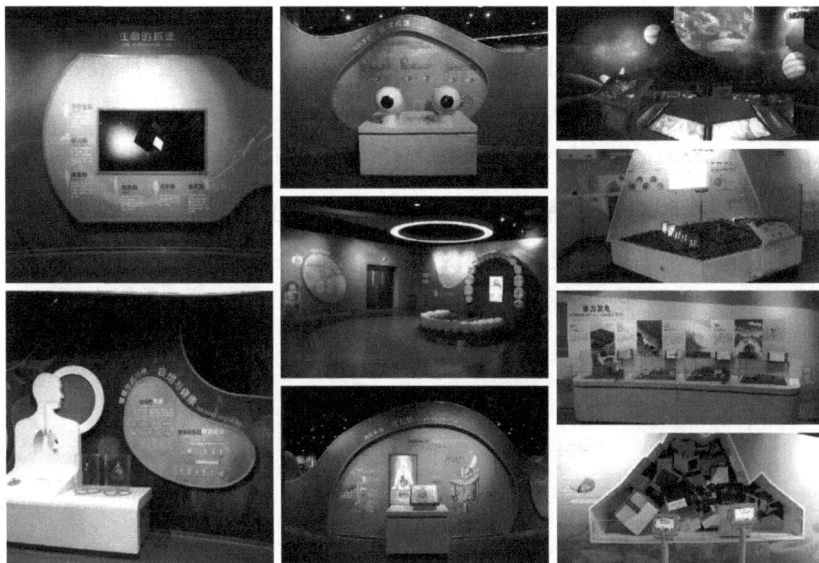

图 4-13　馆内三层展品展项示例

4.科技与产业展区（四层）

唐山科技馆馆内四层主要是科技与产业展区，具体的展厅布局示意如图 4-14 所示。

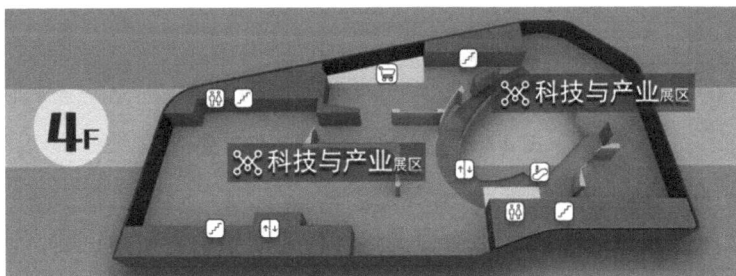

图 4-14　馆内四层展厅布局示意

科技与产业展区分为国之重器、唐山特色产业、智能信息三大分展区，主题为"科技改变生活·创新引领未来"，突出我国尖端科技发展成果和唐山产业特色，展示我国科技实力和唐山产业发展成果。

四层展品展项为孩子们带来了前沿科技知识，如图 4-15 所示。

5.五层和六层展区

五层、六层设有餐饮区、科技工作者创新创业基地、科技工作者之家、多功能报告厅、临时展厅和中小型会议室，满足了临时展览、科普报告会、科普大讲堂的需求，为普及科学知识、提高全民科学素质提供了必要的条件。

图4-15　馆内四层展品展项示例

6.特色展品展项

① 震撼的航空航天体验设施。唐山科技馆集中展现目前航空航天的科技成果，有1：1复制的嫦娥三号、空间站、返回舱、宇航服的模型，以及微缩载人火箭、我国第一架具有完全自主知识产权的国产大飞机 C919、我国第一艘航空母舰辽宁舰等的模型。同时模拟太空环境，打造了太空窗、太空微重力流体实验、真空试验、太空微重力科学手套实验等，对航空航天文化进行了充分的诠释。如图4-16所示。

图4-16 载人航天——嫦娥三号发射体验

② 亮点纷呈的唐山特色产业体验设施。唐山是具有百年历史的重工业城市，是中国近代工业发祥地之一。近年来，依托特色区位优势和产业科技发展，唐山已形成钢铁、机械、陶瓷等支柱产业，同时在石墨烯、港口运输、海洋产业等方面也取得了享誉国内外的成就。科技馆创新地将科技体验与产业相结合，设置了寻找生活中的石墨烯、北方瓷都、海上采油、繁忙的港口、造船厂等多个特色展项，如图4-17～图4-19所示。

图 4-17　石墨烯的特点

图 4-18　北方瓷都

图4-19　海水淡化

③ 智能科技的机器人展示设施。近年来唐山大力发展机器人产业，着力打造机器人应用创新高地。在科技馆四层，有一处以智能机器为主题的展项群，主要有下棋机器人、陪伴机器人、跳舞机器人、魔方机器人，还有唐山制造的焊接机器人等。

7.其他展品展项

① 无人驾驶自动洗地机器人项目。为实现唐山科技馆"展品无处不在"的建设理念，不仅仅是将展品展项作为展示内容，也将最大限度地争取把馆里的实用设施设备逐步实现智能化，将它们打造成既是工具也是展品。因此，唐山科技馆购入3套无人驾驶自动洗地机器人（含工作站）。

② 馆内外标识牌提升项目。为实现唐山科技馆现代化、标准化发展，使馆内外标识系统符合国家标准，为观众提供更为简单易懂的指引服务，2023年唐山科技馆完成了"馆内外标识牌提升项目"的招投标工作。

③ 科技馆预约、检票、识别、发布管理系统升级项目。为进一步提升科技馆设施智能化管理水平，便于操控，降低使用成本，提高观众参观体验，2023年完成"科技馆预约、检票、识别、发布管理系统升级项目"的招投标工作。

④ 唐山科技馆馆内及大篷车展品补充、提升项目。为增加科技馆内经典展项，更新无法维修的展项，以及丰富、充实科普大篷车车载展品展项，2023 年完成"唐山科技馆馆内及大篷车展品补充、提升项目"的招投标工作。

⑤ 唐山科技馆游客中心升级项目。为合理规划科技馆馆内公共服务空间，进一步提升观众的体验感及满意度，2023 年完成"唐山科技馆游客中心设计"及"唐山科技馆游客中心升级改造"两个项目的招投标工作。

（五）运营效果

唐山科技馆切实推进各项工作任务有力有序有效落实。在完成日常开馆运营的主责主业的同时，积极发挥科普文化阵地的作用，以科普大篷车巡展、科普特色活动、主题展览、馆校共建等为载体，进行科普教育。

1.参观人次

唐山科技馆以其规模大、主题新、功能全、模式新的优势，每年吸引着大量游客前来游览。2020—2023 年，唐山科技馆共接待观众 681 962 人次，场馆也因此荣获了全国青少年校外活动示范基地、全国科普教育基地、河北省科普教育基地、河北省素质教育基地、河北省首批科普示范基地等众多称号及奖项，得到了领导、专家及游客的肯定与好评。

2020 年，唐山科技馆开馆近 7 个月，共接待观众 11 万人次，日均近 550 人次[①]。定时标志性展项"天地人和"共播放 123 次，观众好评率超过 99%，并收到 5 封书面表扬信（感谢信）。在此年度，科技馆接待了 6 个社会团体，开展了 7 场科普活动，开展科普活动进校园活动 1 次。科技馆还进行了 8 次业内馆际交流，到馆参观座谈的单位包括北京数字科普协会、北京市通州区科协、河北省迁安市科协、河北省正定县科技馆、湖北省襄阳市科协、湖南省常德市科协、广东省佛山市顺德区科技局和贵州省遵义市科技馆等。

2021 年，唐山科技馆开馆 238 天，接待观众 81 053 人次，日均 341 人

---

① 截至 2020 年 11 月底的数据（其余时间因疫情闭馆）。

次[①]；观众好评率在 99% 以上，收到书面表扬信（感谢信）5 封；共接待社会团体 2 个。开馆日进行公益讲解 348 次，参与观众近 4000 人。

2022 年，唐山科技馆开馆 158 天，接待观众 80 455 人次，日均 509 人次[②]；共接待社会团体 3 个。XD 影院、VR 影院、环幕影院共播放 437 场次，接待观众 2680 人次。全天开放大型互动体验展项"蛟龙号"、C919、返回舱、高铁等；高压放电展项、跳舞机器人展项进行定时演示，共演示 584 次，所有定时展项共有 18 745 名观众体验观看。

2023 年，唐山科技馆开馆 282 天，接待观众 410 454 人次，日均 1456 人次；共接待各类团体 52 个。XD 影院、球幕影院共播放 1364 场次，接待观众 34 854 人次。

2.活动开展情况

唐山科技馆的活动开展以展教活动为主，同时兼具研学活动、节假日特色活动、志愿者活动等。活动类型多样，成果丰富，受到广泛好评。

第一部分：展教活动。

展教活动是科技馆的重要组成部分，科技馆积极策划并举办各种展教活动，取得了丰富的成果。

2020 年 1 月，唐山科技馆开展了馆内"小小讲解员"寒假班授课工作，共有 14 名学员参加，进行了 10 课时的培训。馆内还进行了 36 次公益讲解、4 次科普公开课和 12 次"科学实验秀"活动。1 月 11 日，馆内开展"编程一小时"公开体验课活动，共计 80 组家庭参加；同月，馆内还开展了一次科普进校园活动。同年，馆内外完成科普剧《垃圾分类》、3 组科学秀场剧本、激光舞音乐编舞、25 个科学小实验视频及剪辑、162 个展项讲解词知识点拓展、5 个海水淡化和垃圾分类等 PPT 课程，并撰写整理了 58 个教案。

2021 年，唐山科技馆开展"庆建党百年·观科技变迁"科普教育临展活动。展览通过农业轻工科技、医疗科技、商业科技、工业科技、民生科技、兵器科技、教育科技等七大主题的 500 多块展板展牌、439 件（套）展品，将

①　截至 2021 年 11 月 16 日的数据（其余时间因疫情闭馆）。

②　截至 2022 年 10 月底的数据（其余时间因疫情闭馆）。

新中国成立以来的科技变迁呈现给观众，让观众了解科技发展脉络，感受科技魅力。展览还包含八大体验区的 VR 体验，纺织、缝纫、丝印体验，小医生角色扮演体验，陶艺体验，加工体验，3D 打印体验，扫雷小游戏、坦克大战体验，拼搭、编程、活字印刷体验等 13 个体验项目，让孩子们能够在动手操作中体验不一样的科技。自活动开展以来，唐山科技馆科普教育临展共接待近 3.5 万人次，其中体验区参与各种体验活动的人数达 1390 人次，孩子们不仅在互动体验中收获了快乐，学习了知识，拓展了想象力，增强了动手能力，提升了科学素养，更与家长一起度过了难忘的亲子时光。2021 年 7 月 28 日中国科协副主席、书记处书记孟庆海一行到唐山科技馆进行调研，专门参观了"庆建党百年·观科技变迁"科普教育展，并给予了高度评价。全国科普日期间在唐山科技馆网站上开设了"庆建党百年·观科技变迁"科普教育展活动虚拟展览，有近万人浏览。

第二部分：研学游活动。

习近平总书记对唐山市深切关怀、寄予厚望，2010 年和 2016 年两次亲临视察，作出"三个努力建成""三个走在前列"重要指示，为唐山市的发展指明了前进方向。依照总书记的殷切嘱托，唐山市委、市政府坚持把科学普及放在与科技创新同等重要的位置，立足开创新时代科学普及与科技创新两翼齐飞、协同发展的良好局面，把科技馆升级改造项目作为重点工程，以"着眼全球，国内一流，唐山特色"为目标，突出展览、教育、培训、实验，高标准设计建设了规模档次居全国地市级前列的科技馆，在城市核心位置竖起了一座惊艳京津冀的科技文化旅游"新地标"。为促进青少年综合素质提升，推动唐山市"双减"政策落地落实，组织开展了以"科创筑梦 助力双减""践行社会主义核心价值观""科技馆里的科学课"为主题的科学素养研学活动。

唐山科技馆于 2020 年被评为市级研学旅游示范基地。2020 年，唐山科技馆策划了工业研学游活动，通过实地考察中车唐山机车车辆有限公司、唐山钢铁集团和唐山三友集团等，丰富了研学活动内容。此外，科技馆还在微信公众号上开辟了"玩转科学小实验"栏目，共研发录制小实验 43 个，对外发布 34 个，疫情期间家庭动手小科普实验 6 个。

在 2023 年的研学游活动中，唐山科技馆精心策划了"科普迎新春·研

学游活动"，共有 4 条路线。此活动于寒假开展，意在丰富青少年假期生活，让孩子们增长科技见闻、感受科技魅力，在动手做、做中学的过程中，主动获取知识、应用知识，度过一个快乐且有意义的寒假。除此之外，科技馆于 2023 年 1 月 24—26 日共开展了 3 期研学游活动，由展厅参观、民俗剪纸体验、科学实验秀、制作新年灯笼、趣味互动等内容组成。2023 年 2 月，与中国科技馆展教中心对接，引入"科技馆里的科学课"项目，积极与教育局沟通，让"科技馆里的科学课"走进校园。为进一步拓展课后服务渠道，将科技馆打造为中小学课后服务基地，2023 年推出了以科技馆为核心的科普课程，将"科技馆里的科学课"项目与精品研学游相结合。2023 年 2 月 27 日，科技馆启动了本年度首批"科技馆里的科学课"研学活动，研学游活动全年共开展了 45 场，共计 8000 多人次参与活动。

第三部分：节假日、纪念日特色活动。

科技馆注重围绕节假日和纪念日开展特色活动。

在 2020 年的元旦、端午节、国庆节期间分别开展了"科技伴我跨年"亲子研学游活动、"浓情端午 粽想未来"和"国庆科普嘉年华"活动，共有近千人次参加，在端午节编祈福手绳，并在科技馆抖音官方账号进行了直播；组织开展 2020 年全国科技活动周、科普日系列活动；5 月 30—31 日开展了庆祝 530 全国科技工作者日暨"致敬最美医务工作者"专场活动，接待唐山市各医院医务工作者及其家人 300 余人次，免费播放特效电影近 40 场；6 月开展了日食观测活动，辅导员向大家现场讲解了日全食的知识，指导大家正确观测，并组织实施线上全民科学素质普及知识问答活动，设置题库 10 套，共计 100 多道科普问题，在线上开展有奖问答活动，参与人数共计 500 多人次，中奖观众近百人；6 月 19 日—7 月 19 日，由唐山市妇女儿童工委办、唐山市妇联、唐山市教育局、唐山市科协联合举办，唐山科技馆承办的"童心向党·放飞梦想"——唐山市少年儿童优秀书画作品展隆重开幕，地点设在唐山科技馆特效影院区，近万人次参观了书画展。

2021 年，唐山科技馆在元旦、春节、元宵节、清明节、劳动节、国庆节期间分别开展了"科普同跨年·元旦欢乐颂"新年留言板活动、"科普过新年·妙手迎春"、"科普闹元宵·大红灯笼高高挂"元宵节活动、"科普踏春季"、

"科普迎五一·致敬辛勤的劳动者们"活动、"庆祝建党 100 周年·七一建党节"系列活动、十一国庆科普活动等，共有近千人次参加，得到了观众尤其是小朋友的喜爱和好评。此外，科技馆还承办了国际盲人节活动，170 多名盲人和志愿者参加了"你是我的眼·带你去旅行"公益活动。活动当天共有 170 多名盲人和志愿者到科技馆参观，展教员带他们触摸操作展品，为他们详细讲解科技馆展品及科学原理。许多盲人感谢科技馆为他们提供这次"听"科学、"摸"知识的机会，希望以后还能来科技馆体验科技知识。

第四部分：大学生科技志愿服务活动。

为推动高校大学生科技志愿服务专业化、规范化和常态化开展，团中央青年志愿者行动指导中心、中国青年志愿者协会秘书处联合中国科协宣传文化部面向全国高校遴选了 300 支大学生科技志愿服务示范团队，深入基层进行志愿服务。唐山师范学院的"闪闪小红星志愿服务团队"成功入选，并于 2023 年 1 月 29 日起到唐山科技馆开展为期 8 天的科技志愿服务活动。当年已有 40 名大学生志愿者完成了在科技馆的服务工作，10 名同学正在服务中。2023 年 4 月，唐山科技馆与唐山师范学院共建"校外科普实践基地"。

3.科普活动

一是科普大篷车巡展活动。

2020 年，科普大篷车顺利到馆，围绕科普大篷车活动的方案及科普剧、科学秀场的排练正在紧锣密鼓地进行。唐山科技馆每年开展不少于 20 次的科普大篷车巡展活动。活动通过车载展品、科学实验、仿生机器人表演等形式，将有趣的科学知识带到孩子们身边，开阔他们的眼界，切实将"双减"政策在全市范围内有效落实，解决好唐山市科普"最后一公里"的问题。

2021 年是中国共产党成立 100 周年，唐山科技馆开展了"庆祝建党 100 周年暨唐山市科普大篷车巡展活动"，这项活动也是市科协在党史学习教育中"我为群众办实事"的具体体现。活动分为展品互动区、科学秀场表演区、机器人科普展示区及创客体验课堂四大展区，依托车载展品，通过现场活动、影音宣传、辅导员讲解、线下展览等多种形式做好科普文化体验活动，包括科普大篷车车载展品的展示、操作和讲解，以及科普剧、疯狂实验秀、研学互动实验、机器人互动与演示、机甲大师竞技和创客体验等内容。科普大篷

车巡展活动传播了科学知识，传承了科学精神，讲好了科学故事，切实激发了青少年的创新热情和爱国热情，推动全社会形成尊重劳动、尊重人才、尊重创造的浓厚氛围，真正打通了"科普最后一公里"。截至 2021 年 12 月，科普大篷车共走进唐山玉田、迁安等 9 个县（市、区）的 14 所小学、幼儿园开展巡展活动，受益青少年近 2 万人次。

2022 年，因疫情影响，科普大篷车巡展活动延迟到 10 月开展。本年度活动对象为各县（市）区、开发区（管理区）乡村小学、镇中心小学。10 月 23 日至 26 日开展了为期 4 天的"喜迎二十大 科普新征程·唐山市科普大篷车巡展活动"，走进了曹妃甸区北京景山分校曹妃甸分校、临港商务区实验学校和第四小学等 3 所小学，为近 5000 名师生带去了一场轻松愉快的科普盛宴。

2023 年，唐山科技馆开展了以"科创筑梦·助力双减"及"奋进新征程·起航科普梦"为主题的唐山科普大篷车巡展活动。唐山科普大篷车共计开展巡展活动 37 次，行驶近 2200 千米，受益 3.1 万人次，为 21 所乡村小学捐赠科普教具 1350 套，市级以上媒体报道 17 次，人民日报客户端也对活动进行了报道。

二是馆校共建活动。

为了将更多的教育资源向科普资源不丰富的地区倾斜，帮助当地中小学生拓展视野，增长科技知识，唐山科技馆于 2021 年开展馆校共建工作，主要包含活动方案初稿的初步制定、馆校共建申报条件相关问题、讨论馆校共建具体标准、按照要求完成馆校共建工作邮箱申请、标准初步制定等具体工作。

2022 年，科技馆与全市中小学校合作，成立了馆校共建工作小组，并部署了下一步工作。截至 10 月底，完成馆校共建 28 所学校的 22 箱资料的清点与接收，并开始对科普资料（内参）进行修改和编排。

2023 年，为充分发挥科技馆科普资源优势，实现科技馆教育与学校教育的有效衔接，提升青少年科学素质，助力"双减"政策有效落地，唐山科技馆组织开展了"科创筑梦·馆校共建"活动。自 2022 年底开始进行申报工作，经过申报资料审查评审，全市共有 28 所中小学校成为首批唐山科技馆馆校共建合作单位。2023 年 5 月上旬，唐山科技馆已与玉田县大安镇石河中心小学、迁西县罗家屯镇罗家屯学区、迁安市杨各庄镇明德小学等 28 所中小学签订馆

校共建协议，颁发"馆校共建"牌匾，还向每所学校赠送一箱科普教学教具。活动旨在帮助学生培养科学兴趣和科学态度，掌握科学探索活动的基本知识和技能，提高观察能力、操作能力、创造能力和科学思维能力。

三是科普主题活动。

2021 年，唐山科技馆开展了科学素养夏令营活动和各类课程及原创活动。场馆内组织完成科学素养夏令营活动共 3 期，29 人次参加，通过机器人编程课程、物理课、秀场、印染体验，孩子们不仅学到了知识，还增强了动手能力。在原创活动中，完成科技馆"一日研究"执行方案共 31 个；完成共计 14 个科普作品的搭建工作和 32 件小颗粒机器人的拼搭工作；设计"一日研究——机械陀螺"样品；"骑自行车"壁挂展板已出样品并上报审核，"马奔跑"的壁挂展板正在设计并制作；梳理完成 55 课时教师培训课件的PPT；录制 scratchjr 编程课程一节；细化实验课程教案 5 个；完成机器人授课15 人次。

2022 年，唐山科技馆于 6 月 28 日启动"众心向党·自立自强——党领导下的科学家"主题展全国巡展（唐山站），展览设置"科学无国界·科学家有祖国""在独创独有上下功夫"等 7 个展区 17 个单元，本次展览持续到 11月份，截至 10 月底，共接待 3 万余人次。9 月 19 日，配合全国科普日，以"喜迎二十大·科普向未来——开展尚智行动·做文明智慧人"为主题，开展2022 年全国科普日唐山活动。此外，举办"小小创客·智创未来""探秘科技馆·国风少年贺新春""科学一夏·快乐一夏""科技周末·春萌学院""童心向未来"等主题活动 43 场次，参与人数近 500 人次。

2023 年，在春节、元宵节、六一儿童节期间开展了"新年遇兔呈祥·绽放科技梦想""福兔闹元宵"，以及"童心探奇"知识问答等活动，精心设置了游戏环节，让孩子们在游戏的同时收获知识，近 200 人次参加活动。在世界环境日期间，唐山科技馆联合唐山中地地质工程有限公司围绕"减塑捡塑"主题开展了地学科普活动，近 50 名中小学生参与。7 月 14 日，联合唐山市未成年人救助保护中心在科技馆组织开展了"我和夏天有个约会"困境儿童夏令营活动，25 名孩子参观科技馆、观看特效电影、体验科普公开课。

公益科普课的设立是为了充分发挥科技馆科普宣传阵地的作用，激发孩

子们的科技创新激情。唐山科技馆于 2023 年加大公益科普公开课活动力度，增加了课程设置次数，丰富了课程内容，吸引更多观众现场参与。活动以物理周、化学周为主题，偶尔穿插仿生机器狗表演，通过有趣的物理、化学实验和趣味表演，把枯燥的原理变成看得见的现象，让各位小朋友走进"实验室"，了解身边的科学。全年进行公益科普课 135 次，共 2600 余人次参加。

四是其他重大活动。

2023 年 4 月 29 日—5 月 1 日，第 37 届河北省青少年科技创新大赛在唐山科技馆举办。开幕式在唐山科技馆负一层展厅举办。大赛活动包括参赛作品终评及展示、第四届京津冀青少年科技创新教育校长论坛、第 37 届河北省青少年科技创新大赛科技辅导员论坛、科学家精神宣讲报告会、创新能力和综合素质测评。唐山科技馆在大赛活动中担任安全保障的工作，主要负责消防安全、秩序安全维护、交通车辆、会场及会议室保障与服务、餐饮服务、设备保障、环境卫生等具体工作。在 4 月 29 日—5 月 1 日的活动中，科技馆员工发扬了不怕苦不怕累的精神，团结一致，圆满完成了工作任务，得到了各级领导的一致好评。

2023 年 5 月 30—31 日，在市科协承办的"河北省科技工作者日"河北主场活动中，科技馆主要负责专题报告组工作，制定了 3 个专题报告活动的方案和分工，部分科技馆工作人员还参与了活动开幕式、会务服务等工作。

4.社会影响力

宣传工作是外界了解科技馆的一条重要途径，一直备受重视。唐山科技馆致力于搭建媒体矩阵，截至 2020 年 11 月 30 日，唐山科技馆网站已初步建立，微信公众号平台及微博平台有序运营，抖音、快手等平台持续更新内容。微信公众号发布各类专题信息、疫情防控知识共 301 条，更新科技馆网站信息 67 条、微博平台信息 39 条、抖音平台信息 68 条、快手平台信息 64 条。

截至 2021 年 11 月 16 日，2021 年微信公众号、订阅号发布各类专题信息、防疫防控知识共 265 条，更新科技馆网站信息 69 条、微博平台信息 30 条、抖音平台信息 20 条、快手平台信息 16 条，文旅云刊发信息 13 条，学习强国唐山平台刊发消息 2 条。

2023 年的宣传工作主要从线上新媒体、线下大屏、新闻稿件和科普日历制作 4 个方面开展。第一，从线上新媒体来看，2023 年唐山科技馆微信公众号、订阅号共刊发各类消息、信息 240 篇，编辑并发布网站消息 145 条、微博信息 13 条，抖音平台发布视频 19 条，快手平台发布视频 18 条，文旅云更新文章 32 篇。开设了"大学生科技志愿者话说科技馆"专栏，已更新 9 期。第二，从线下大屏来看，科技馆馆外大屏和馆内电子屏是向全体市民宣传科技馆、宣传科普知识的重要载体。利用馆外大屏及馆外宣传展板、馆内电子屏向广大市民宣传全国防灾减灾日、国家网络安全宣传周、全国科技工作者日等主题的宣传图片、视频共计 60 余幅（条）。第三，从新闻稿件来看，唐山科技馆围绕开展的各类活动撰写宣传稿件，并积极向各主流媒体投稿。全国流动科普设施服务平台网站、河北日报、河北新闻网、唐山新闻等多家主流媒体对唐山科技馆科普活动信息报道、转发共计 33 次。第四，从科普日历制作来看，这是为了充分发挥科技馆科普宣传能力、普及科普知识而开展的活动，自 2021 年开始制作并免费发放，收获了较好的反响，市领导对此项工作给予了充分的肯定，并建议继续推广。

截至 2023 年底，唐山科技馆所获荣誉称号及奖项如表 4-3 所示。

表 4-3 唐山科技馆所获荣誉称号及奖项

序号	荣誉称号及奖项	时间
1	唐山市文明窗口单位	2002 年
2	唐山市爱国主义教育基地	2002 年
3	河北省科普教育基地	2003 年
4	全国科技馆创业奖	2003 年
5	河北省青少年科技教育基地	2003 年
6	唐山市学校德育基地	2003 年
7	全国青少年校外活动示范基地	2005 年
8	《全民科学素质行动计划纲要（2006—2010—2020 年）》实施工作先进集体	2011 年

续表

序号	荣誉称号及奖项	时间
9	中国自然科学博物馆学会单位会员	2019 年
10	唐山市研学旅游示范基地	2020 年
11	河北省科普示范基地	2020 年
12	2021—2025 年度全国科普教育基地	2021 年
13	全民科学素质工作先进集体	2021 年
14	河北省素质教育基地	2021 年
15	唐山市科普基地	2021 年
16	2021—2023 年度市级精神文明单位	2021 年
17	河北省科普示范基地（第一批）	2023 年
18	河北省科学家精神教育基地	2023 年
19	唐山市直机关党建示范点	2023 年
20	唐山市国防教育基地	2023 年
21	河北省科技文化场馆联合体委员单位	2023 年

5.数字化建设

唐山科技馆推进"科创河北"试点城市建设工作，在场馆建设的过程中不断提升数字化、科技化水平。积极与中国科技馆网络建设部对接，开展"掌上科技馆"APP 入驻工作，上传了相关信息、资源，建设了 APP 内唐山科技馆主页。

宣教部通过邀请中国科学技术馆技术人员来唐山开展科技馆虚拟漫游采集拍摄工作，节省资金约 15 万元。后续将制作成 VR 在科技馆官网及掌上科技馆 APP 中展示。

第 5 章
唐山科技馆整体社会化运营模式分析

当前，科技馆社会化运营已成为国外主流趋势，并已形成了良好的可持续发展的运营机制。唐山科技馆作为唐山科普事业发展的重要一环，成为唐山的城市新名片。新形势下，为更好地发挥科技馆的科普阵地作用，科技馆的运营更要与时俱进。提高运营管理现代化水平，更新运营管理理念，推动科技馆运营管理更加符合市场化发展需求。立足于唐山科技馆现有运营模式，探索新的现代化运营管理模式，将唐山科技馆运营成为"着眼全球、国内一流、唐山特色"的科技馆。唐山科技馆的整体社会化运营已经走在了国内新建科技馆运营模式探索、推动社会资本参与建设运营道路的前列。

经唐山市委、市政府批准，唐山科技馆（新馆）于 2019 年 7 月 18 日正式对外开放。唐山科技馆也率先在全国实施"政府财政拨款、科技馆监督管理、第三方社会化整体运营"的模式，为全国免费开放科技馆社会化运营提供了有益借鉴。本章将在详细阐述科技馆运营服务内容和要求的基础上，总结凝练科技馆整体社会化运营的"唐山模式"，以期为其他科技馆社会化运营提供借鉴和参考。

一、科技馆运营服务内容

根据高质量发展的现实需求，为了更好地完善运营管理机制，提高管理水平，唐山科技馆创新升级现有运营模式，采用"委托第三方社会化运营管理"模式，即政府财政拨款补贴、限项限价收费，科技馆作为甲方进行监督

和考核，第三方运营公司作为运营方负责科技馆整体运营、日常管理、维修保障及所应承担的全部社会职能和相关服务等，运营方自主管理经营、自负盈亏。

（一）主要服务内容

唐山科技馆的整馆运营管理、相关服务及维护可分为3个部分：一是基础运营服务，二是展品展项维修维护，三是场馆整体维修维护。

1.基础运营服务

科技馆基础运营服务包含物业服务、日常运营、科普活动等。科技馆通过公开招投标确定基础运营服务公司。要求运营单位配备足额员工，负责科技馆各项基础运营工作，配合科技馆对其他业务承包公司进行管理。

科技馆主要通过常设展览和短期展览，借助参与式、体验式、互动式的展品及辅助性展示，以激发科学兴趣、启迪科学观念为目的，对公众进行科普教育；也可举办其他科普教育、科技传播和科学文化交流活动。

根据现代科技馆运营管理的内在规律，并结合唐山市公众的科普需求，充分发挥科技馆在展览教育、科普培训和科学传播等方面的优势和作用，大力开展形式多样、内容丰富的科普活动。

基础运营服务单位在唐山市科协的监督下，对物业服务项目进行公开招投标，服务费用包含在每年的运营经费中。运营单位需配备30名以上员工，具备专业资质并在公安系统备案。运营单位对唐山科技馆物业工作进行管理。

在物业服务方面，运营单位具体职责如下：

① 安保和消防管理。承担安全、保卫、消防应急处理等工作。安保人员配备合理，并确保24小时于消防控制室、弱电监控室、门岗、门卫及馆内外执勤、巡守。

② 科技馆内外卫生清洁。既包括垃圾、各种废物、污水、雨水的排泄清除等，也包括通道、屋顶等空间的清洁、路灯的保养等。

③绿化建设和保养，以提供良好的生态及参观环境。

④ 交通管理。包括馆内外人员流动管理及馆内外交通和电梯、扶梯的管理。

⑤ 车辆管理。防止车辆丢失、损坏或酿成事故，保持科技馆辖区道路、过道的畅通。非机动车辆管理有序，停放整齐；机动车辆行驶停放有序，无违章行驶及停放现象。

在日常运营方面，运营单位具体职责如下：

① 年开馆天数不少于 252 天，年参观人数不少于 20 万人次，并逐年有所增加。节假日（不含除夕、正月初一、正月初二）必须保障正常开放。

② 员工着装统一，接待工作规范，投诉处理及时。

③ 组建金牌展教队伍，并经专业培训、持证上岗。

④ 科技馆网站实时更新文稿及影像、图片等科普内容，年访问量不低于 2 万人次。对于微信公众号、微博、APP 等新媒体平台，参与线上和线下科普活动的公众人数在 4000 人次以上。文稿及影像、图片由甲方负责审核管理，通过甲方审核后，运营方方可上传。

⑤ 乙方应设观众意见箱、留言簿或网民留言板及现场抽样调查表。参加调查的观众占总人数的比例不低于 3%，满意率不低于 90%。

⑥ 主流媒体（广播电台、电视台、报纸、官方网站）每年针对科技馆科普活动信息的报道不少于 4 次，同一主题活动内容报道只计 1 次。

⑦ 年接待公众人数应在 20 万人次以上，以接待公众记录为准，运营单位按月申报，并提供相应证明材料。

⑧ 观众满意率在 90% 以上（以公众调查数据为准）。

⑨ 展品展项的完好率保持在 90% 以上。重要展项展品维修确保 24 小时响应。

在科普活动运营方面，运营单位具体职责如下：

① 面向青少年积极开展各类科技实验培训，培训内容应与科普相关。

② 积极承担唐山市科协交办的其他科普宣传活动的组织实施工作。

③ 每年安排：科普临时展览不低于 4 次；举办全国性论坛或培训不得少于 1 次；与本地企业合作举办服务于唐山本地产业升级转型创新导向的科普推广活动不少于 3 次；与本地教育系统、中小学联合举办大型教育活动不少于 3 次；科学表演进校园、进社区、进军营、进农村等科普教育活动每年不少于 4 次；面向公众开放的创客教育培训公开课每年不少于 4 次；加强馆际

交流展览科普活动不少于 2 次；包括但不限于以上运营目标，根据需要开展临时增加的工作。

④ 馆内每天定时表演展项每天展示不得少于 4 次（特殊情况除外）。包括标志性展项、科普秀场和电磁大舞台等（包括但不限于此）。

⑤ 结合实际运营和需要开展活动，且不限于上述内容。

2.展品展项维修维护

为保持展品展项的完好率，需要定期对展品展项进行维护和维修；为保持展品展项科学技术的前沿性，对相应的展品展项必须有计划地进行更新，根据实际情况适时增加展品展项及展区更新改造费用。

唐山科技馆通过公开招投标确定运营单位。运营单位负责馆内全部展品展项整体打包维保及维修工作，保证馆内展品完好率在 90% 以上。

按照《科学技术馆建设标准》（建标 101—2007）中的规定，专项费用包括科技馆专项业务（展览和展品研发更新、展览环境设计改造等）费、设施修缮费（含展教设备维修费等）、设备购置费等。根据科技馆现有建筑、基础设施设备及展品展项等情况，年度维修维护专项经费可以按照展馆平方米数和每平方米费用计算。

3.场馆整体维修维护

根据实际需求，唐山科技馆通过公开招投标引入具有相当专业资质的单位对建筑主体及特种设施设备（电梯、空调、消防、强电、弱电等）进行维修维护保养。

具体内容如下：

① 科技馆建筑主体维修维护。基础设施维修维护费用按 2020 年唐山市政府颁布的《唐山市住宅专项维修资金管理办法》中的相关规定，专项维修资金是指每平方米建筑面积交存标准为本市住宅建筑安装工程每平方米造价的 6%，按商业住宅每平方米建筑费用 2000 元计算。建筑主体维修维护费用为除去特种设施设备实际维修维护费用后所得金额。

② 消防设施设备、制冷机组、采暖机组、电梯、强电设备、弱电设备等特种设施设备的维护保养。按照往年费用估算消防、空调、电梯、强电、弱电等项目的费用。通过公开招投标确定运营单位，由其进行基础设施设备及

展品展项的维修维护。

③ 水、电、暖能耗费用。水、电、暖能耗费用实报实销，由财政单独列支。

（二）收费项目

影院等收费项目需要有关部门进行审批，在营业前必须办理好相关的审批手续，证件齐全方可营业。

同时，严格遵守相关法律和规章制度，杜绝高收费、乱收费，否则因此产生的一切不良后果均由运营方自行承担。

二、科技馆整体运营服务目标及要求

主要包括科技馆整体运营服务基本要求、服务标准及要求、运营管理目标等内容。

（一）基本要求

① 科技馆进行监督和考核。在项目服务过程中，科技馆对运营公司的服务质量、展品维护情况、设备设施维护情况、收费情况等进行监督，并对其各项指标进行考核。

② 运营公司自主经营管理。根据在运营合同中承诺的服务内容及方案实施运营服务及管理，相关人员的招聘、录用、培训等均须有记录，并报科技馆备案。

③ 收费项目。影院、临展、创客教育等有限的收费项目需经有关部门审批。小商品服务部及餐饮等参照相关法律、规定实施。

④ 整体运营管理服务，不可以分包或转包，若存在分包或转包行为，视同违约，采购人有权解除合同，并追究因此造成的损失。

⑤ 健全各项管理制度并有效执行。包括安全保卫工作制度、参观意外伤害事故处理应急预案、考勤管理制度、员工年度考核实施办法、展厅不文明行为处理预案、消防安全管理制度及预案、团体参观接待管理预案、贵宾接待方案、观众投诉管理制度、应急管理制度等。

（二）服务标准及要求

唐山科技馆对运营公司服务团队、公共服务、综合物业服务等方面有详细的运营服务管理要求。

1.服务团队

包括内部机构设置及管理和展教人员配备要求、员工年度教育培训、员工业务能力提升等。

① 内部机构设置及管理和展教人员配备要求。参照《科学技术馆建设标准》（建标 101—2007），按采购实际需求设置和配备。在唐山市科协监管下，乙方负责科技馆整体运营管理和工作人员的招聘、培训、管理及馆内机构设置等。所有人员上岗前需提供职称证书、资格证书、学历证书；安保人员需提供当地派出所出具的无犯罪证明；展教（讲解）人员需提供普通话等级证书等。

② 运营单位优先聘用唐山科技馆原有非在编工作人员。

③ 员工年度教育培训。员工年度教育培训不少于 40 学时，每年培训活动课件及时更新，符合培训教育需求。培训工作计划、培训内容、参训人员名单及培训成果等内容完整。

④ 鼓励支持员工参加行业技能竞赛、科学教育项目研究、撰写学术论文和科普文章等，对获得国家级、省级、市级等表彰或成果被采用的员工，在绩效考核时可增加相应的分值。

2.公共服务

包括开馆天数、接待人数、服务规范、网站建设等。

① 年开馆天数不少于 252 天，年参观人数不少于 20 万人次，并逐年有所增加。节假日（不含除夕、正月初一、正月初二）必须保障正常开放。

② 员工着装统一，接待工作规范，投诉处理及时。

③ 组建金牌展教队伍，并经专业培训、持证上岗。

④ 科技馆网站：实时更新文稿及影像、图片等科普内容，年访问量不低于 2 万人次。对于微信公众号、微博、APP 等新媒体平台，参与线上和线下科普活动的公众人数在 4000 人次以上。文稿及影像、图片由采购人负责审核管理，通过审核后运营单位才可进行上传。

3.综合物业服务

包括对物业服务管理人员、服务内容、服务标准等方面的要求。

① 管理人员要具有 3 年以上的工作经验，确保物业服务日常管理达到考核要求。

② 服务内容：房屋建筑主体的管理；房屋设备、设施的管理；室内外环境卫生的管理；绿化管理；保安管理；消防管理；车辆道路管理；满足运营的其他服务。

③ 达到国家一级物业服务标准。

（三）知识产权

1.科技馆与运营公司知识产权的归属界定

科技馆与运营公司的知识产权相互独立，这一运营模式确保了科技馆在管理和科普内容上的主导权，同时也让运营公司在执行具体项目时拥有自主创新的空间。科技馆作为代表政府出资的公共文化机构，主要负责场馆的规划与管理，核心任务是提供符合社会公共需求的科普服务。运营公司则在知识产权独立的前提下，提供专门的运营服务，如活动策划、展览设计、市场推广等。通过这种分工明确的合作模式，科技馆能够保持对内容和方向的掌控，同时充分发挥运营公司的市场化优势，实现资源的最佳配置。

知识产权相互独立的模式为双方带来了灵活性。科技馆作为政府出资设立的公共文化机构，代表的是公共利益与文化使命，通常侧重于内容的公益性和教育性。而运营公司则能够利用自身的创意、经验和技术，打造独特的品牌和服务体系。这种知识产权的独立性意味着，科技馆可以根据自身的需要选择适合的运营公司，而运营公司也能在不影响科技馆主导权的情况下创新商业模式。这一独立性为双方的合作提供了更多灵活性，有利于建立长期稳定的合作关系。

科技馆通过政府出资购买运营服务的模式，保证了运营的高效性和专业化。科技馆的职责在于提供优质的科普内容和公共服务，但管理复杂的场馆运营往往并非其优势所在。通过购买运营服务，科技馆将部分专业化的运营管理工作交给了具有丰富经验的运营公司。这不仅使科技馆能够专注于内容

的研发与管理，也提升了整体的运营效率和观众体验。运营公司凭借其市场化的运作方式，能够更灵活地应对市场需求、优化运营模式，从而为科技馆提供高水平的服务。

这种运营模式也具有较强的灵活性与适应性。科技馆能够根据不同阶段的需求，与不同的运营公司展开合作，从而确保科普服务的多样性和创新性。同时，知识产权独立的架构也为科技馆提供了更多选择空间。在选择运营服务时，科技馆可以根据服务质量和项目适配度进行调整，而不必受限于长期合作或知识产权纠纷。这种灵活性有助于科技馆不断创新和提升服务水平，满足观众日益增长的需求。

对于运营公司而言，知识产权的独立性使其能够在合作过程中积累和保留自身的核心技术与创新成果。这种模式有助于运营公司在与科技馆合作的同时，提升自身的市场竞争力和品牌影响力。通过参与公共项目，运营公司不仅能够获得收入，还能借助科技馆的平台提升自身的知名度，为未来的发展创造更多机会。

然而，这种知识产权相互独立、购买服务的模式也需要明确双方的权责。科技馆与运营公司在合作中应通过合同和协议的形式，清晰地规定知识产权的归属、运营服务的范围及双方在合作中的权益和义务。只有在法律和制度上建立完善的保障机制，双方的合作才能够顺利进行，避免因知识产权或其他利益纠纷而影响合作的长远发展。

总而言之，科技馆与运营公司知识产权相互独立的运营模式，为双方提供了极大的灵活性和创造空间。科技馆通过政府出资购买运营服务，既能专注于其核心使命，确保内容的公益性和方向的正确性，又能借助运营公司的专业能力和市场化思维，提高整体运营效率。这一合作模式不仅为科技馆提供了高质量的服务，还为运营公司提供了创新和发展的空间，最终有助于提升科技馆的公众形象和服务水平，实现双方的共赢。

2.供应商提供产品的知识产权保障

①供应商应保证在本项目中使用的任何产品和服务（包括部分使用），不会产生由第三方提出侵犯其专利权、商标权或其他知识产权而引起的法律和经济纠纷，若因专利权、商标权或其他知识产权而引起法律和经济纠纷，则

由供应商承担所有相关责任。

② 除非招标文件特别规定，采购人享有本项目实施过程中产生的知识成果及知识产权。

③ 供应商将在采购项目实施过程中采用自有或者第三方知识产权成果的，应当在投标文件中载明，并提供相关知识产权证明文件。使用该知识成果后，供应商需提供开发接口和开发手册等技术资料，并承诺提供无限期支持，采购人享有使用权（含采购人委托第三方在该项目后续开发的使用权）。

④ 若采用供应商所不拥有的知识产权，则在报价中必须包括合法获取该知识产权的相关费用。

三、选择供应商

唐山科技馆整体社会化运营招标采购由采购人书面授权评标委员会确定运营单位。评标委员会对运营公司的投标报价、运营管理方案、运营技术保障及维护方案、管理团队、业绩等方面进行评价，第三方公司报价评价表如表 5-1 所示。

经过竞标和评标，最终选出科技馆社会化服务供应商。

表 5-1　报价评价表

序号	评审因素	报价得分	权重	评分标准	备注
1	投标报价	F1	A1＝30%	各投标人的投标报价中，控制在政府预算价以下为有效报价。 价格分应当采用低价优先法计算，即满足招标文件要求且投标价格最低的投标报价为评标基准价，其价格分为满分。其他投标人的价格分统一按照下面公式计算： 投标报价得分＝（评标基准价／投标报价）×100 （小数点后保留 2 位小数，第 3 位四舍五入）	投标文件申明

序号	评审因素	报价得分	权重	评分标准	备注
2	运营管理方案	F2	A2 = 10%	针对本次招标内容,对科技馆功能性服务定位理解深刻,展教功能比较齐全,体现科技馆科普功能性。 得 60 ~ 100 分,未提供不得分	投标文件申明
		F3	A3 = 15%	针对本次招标内容,对科技馆运营管理方案科学、规范。管理制度、方案健全、明晰。科技馆社会公益功能和盈利活动关系处理得当,突出社会效益,合理合法自主经营并实现盈利。 得 60 ~ 100 分,未提供不得分	投标文件申明
3	运营技术保障及维护方案	F4	A4 = 15%	内部管理机构设置合理、岗位明确、人员配置合理,科技馆运营团队包含展教员、机电一体化工程师、弱电及网络电脑工程师、高压电工、低压电工、消防安全员、平面设计师等科技馆技术保障及维护所需人员(但并不限于已列人员),能够满足科技馆运营管理的要求。 管理人员、展教人员和展品维修维护人员合计不低于总运营人数的60%。 得 60 ~ 100 分,未提供不得分	投标文件申明
		F5	A5 = 5%	保障方案合法规范,确保水、电、暖等基础配套设施运转正常,满足开馆需要。 得 60 ~ 100 分,未提供不得分	投标文件申明
4	管理团队(具有自然、文史类博物场馆管理经验的管理人员)	F6	A6 = 3%	负责人具有以下学历: ①博士生(或高级职称)得 100 分; ②硕士生(或中级职称)得 70 分; ③本科得 50 分; 以最高学历(或职称)为准	提供原件
		F7	A7 = 2%	在岗管理团队及展教人员须达到行业标准,专业技能人数须达到整体比例的65%。 得 60 ~ 100 分,未提供不得分	投标文件申明

序号	评审因素	报价得分	权重	评分标准	备注
5	业绩	F8	A8＝5%	具有： ① ISO 9001 质量管理体系认证得 40 分； ② ISO 14001 环境管理体系认证得 30 分； ③ OHSAS 18001 职业健康安全管理体系认证得 30 分	提供原件
		F9	A9＝10%	投标人近 3 年具备县级以上与本次招标类似的运营服务管理及运营业绩。 ① 省级或以上得 100 分； ② 市级得 60 分； ③ 县级得 40 分； 以管理及运营行政级别最高的业绩为准，只限一项。未提供不得分	提供合同原件
		F10	A10＝5%	近 3 年承担与本次招标类似的布展及展品制作并获奖。 ① 国家级得 100 分； ② 省级得 70 分； ③ 市级得 50 分； 以最高获奖证书为准。未提供不得分	提供合同原件

注：要求供应商提供原件的在评标时必须携带原件，由评委进行核查，未携带原件或携带的原件与投标书的复印件不一致时，该项均不得记分。

　　评标时，评标委员会各成员应当独立对每个投标人的投标文件进行评价，并汇总每个投标人的得分。

　　评标总得分＝$F1 \times A1 + F2 \times A2 + \cdots + Fn \times An$。

其中，F1、F2、…、Fn 分别为各项评审因素的得分；A1、A2、…、An 分别为各项评审因素所占的权重（A1＋A2＋…＋An＝1）。

　　评标过程中，不得去掉报价中的最高报价和最低报价。

　　因落实政府采购政策进行价格调整的，以调整后的价格计算评标基准价和投标报价。

四、考核评价

在项目服务过程中，科技馆对运营公司的服务质量、展品维护情况、设备设施维护情况、收费情况等进行监督，对运营公司进行考核。

（一）考核组织

科技馆按月进行绩效考核。考核组在科协党组监督下成立，由有关部门、专家及科技馆相关人员组成，负责日记录、周小结等材料的审核和检查。

（二）考核程序

① 运营单位通过自查自评，于月底前2日提交有关资料和下月工作计划。

② 科技馆及考核组通过检查日记录、评价周小结、月综合审核、年终总评对投标人进行监督管理。通过审查资料、实地调查、现场考核、座谈交流等形式进行打分，并出具考核报告。

（三）考评等级

绩效考评总分100分。以招标文件等相关目标任务要求和考核期内实际工作要求设置内容。分为90分以上（含90分）、80～89分（含80分）、60～79分（含60分）、60分以下4个等级。

五、运营模式总结及发展建议

近年来，"政府财政拨款、科技馆监督管理、第三方社会化整体运营"的模式逐渐受到关注和推广。这一模式不仅有效整合了政府、科技馆及第三方社会资源的优势，也为科技馆的未来发展提供了参考方向。

（一）运营模式的优势

1.政府财政拨款保障基础运营

政府财政拨款是这一模式的核心基础。科技馆作为公益类事业单位，其

建设和运营离不开政府的财政支持。政府通过财政拨款，确保科技馆在基础设施建设、日常维护、展品更新等方面的基本需求得到满足，为科技馆的正常运营提供了坚实的资金保障。这种资金保障不仅减轻了科技馆自身的经济压力，还使其能够更专注于科普教育、科技创新展示等核心功能的发挥。

2.科技馆监督管理确保公益属性

在"政府财政拨款、科技馆监督管理"的框架下，科技馆作为主体单位，承担着对第三方运营机构的监督管理职责。这种监督管理不仅体现在对运营质量的把控上，更体现在对科技馆公益属性的坚守上。科技馆通过制定科学的管理制度和考核标准，对第三方运营机构的运营活动进行全程监督，确保其不偏离科普教育的初衷，始终保持科技馆的公益性和社会效益。

3.第三方社会化整体运营提升运营效率

第三方社会化整体运营是这一模式中的创新之举。通过引入具有专业能力和市场经验的社会机构作为运营主体，科技馆能够充分利用第三方机构在资源配置、市场营销、内容创新等方面的优势，提升其运营效率和服务质量。第三方机构能够根据市场和公众需求，灵活调整运营策略和服务内容，使科技馆更加贴近公众生活，增强公众的参与感和满意度。

4.促进多方共赢与可持续发展

该模式还促进了政府、科技馆和第三方机构之间的多方共赢。政府通过财政拨款支持科技馆建设和发展，实现了对科普事业的投入和推动；科技馆通过监督管理确保其公益属性和社会效益，同时借助第三方机构的运营提升服务质量和影响力；第三方机构则通过运营科技馆实现经济效益和社会效益的双丰收。这种多方共赢的局面为科技馆的可持续发展奠定了坚实的基础。

（二）发展建议

1.进一步探索政府与社会资本合作

未来，科技馆可以进一步探索深化政府与社会资本合作模式（PPP模式）的路径。通过PPP模式，政府与社会资本共同出资建设和管理科技馆，形成风险共担、利益共享的长期合作关系。这种模式不仅能够缓解政府财政压力，还能够借助社会资本的专业能力和市场经验，提升科技馆的运营效率和

服务质量。同时，PPP 模式还有助于推动科技馆向市场化、产业化方向发展，增强其自我造血能力。

2.加强科技创新与科普融合

随着科技的飞速发展，科技馆应不断加强科技创新与科普教育的融合。一方面，科技馆应紧跟科技前沿动态，及时更新展品和技术手段，使公众能够近距离感受科技的魅力；另一方面，科技馆还应注重科普教育的方式方法创新，通过互动体验、虚拟现实等现代化手段提升科普教育的趣味性和实效性。通过科技创新与科普教育的深度融合，科技馆将能够更好地发挥其在提升公众科学素养、推动科技创新发展方面的重要作用。

3.拓展多元化融资渠道

为了保障科技馆的长期可持续发展，应积极拓展多元化融资渠道。除了政府财政拨款外，还可以探索通过社会捐赠、企业赞助、基金支持等多种方式筹集资金。同时，科技馆还可以利用自身资源和优势开展经营性活动，如科普培训、科技展览、科普旅游等，增加自身收入来源。通过拓展多元化融资渠道，科技馆将能够更加灵活地应对市场变化和运营挑战，确保自身的稳健发展。

4.强化人才队伍建设与培养

人才是科技馆发展的核心资源。未来，科技馆应进一步加强人才队伍建设与培养工作。一方面，应加大人才引进力度，吸引更多具有专业知识和实践经验的人才投身科技馆事业；另一方面，应加强对现有员工的培训和教育，提升其业务能力和服务水平。同时，还应建立科学的人才激励机制和评价体系，激发员工的工作热情和创造力，为科技馆的可持续发展提供有力的人才保障。

5.推动科技馆体系化、网络化发展

随着信息技术的不断发展，科技馆应积极推动体系化、网络化发展。通过构建科技馆联盟或网络平台等方式，实现科技馆之间的资源共享、经验交流和合作发展。这不仅可以提升科技馆的整体服务水平和影响力，还能够促进科技馆之间的优势互补和协同发展。同时，体系化、网络化发展还有助于推动科技馆向更广泛的社会领域延伸和拓展其服务范围并功能定位。

6.注重公众参与与反馈机制建设

公众参与是科技馆发展的重要动力之一。未来，科技馆应更加注重公众参与与反馈机制的建设工作。通过建立完善的公众参与渠道和反馈机制，及时了解公众的需求和意见建议，为科技馆的运营和服务提供有力支持。同时，还应加强对公众科学素养的培养和提升工作，通过举办科普讲座、科普竞赛等活动来激发公众对科技的兴趣和热情，促进科技与社会的融合发展。

综上所述，"政府财政拨款、科技馆监督管理、第三方社会化整体运营"的模式具有显著的优势和广阔的发展前景。在未来发展中，科技馆应在深化政府与社会资本合作、加强科技创新与科普融合、拓展多元化融资渠道、强化人才队伍建设与培养、推动科技馆体系化网络化发展及注重公众参与与反馈机制建设等方面下功夫，不断提升自身的服务水平和影响力，为推动我国科普事业的发展作出更大的贡献。

第 6 章
唐山科技馆整体社会化运营全流程详解

　　唐山科技馆的运营管理采用的是整体委托运营管理模式，即市政府财政拨款补贴、限项限价收费，采购人进行监督和考核，运营公司自主管理经营、自负盈亏的模式。根据现代科技馆运营管理的内在规律，并结合唐山市公众的科普需求，充分发挥科技馆在展览教育、科普培训和科学传播等方面的优势和作用，大力开展形式多样、内容丰富的科普活动，把唐山科技馆运营成为"着眼全球、国内一流、唐山特色"的科技馆。

　　唐山科技馆整体社会化运营经历了选题构思→工程立项→内容设计→建筑空间规划→形式设计→工程委托与招标→布展→监理→验收→审计→决算→评估→监督和考核→经验总结与分析 14 个环节。

　　本章将详细阐述每个环节的内涵、流程、基本原则、注意事项，以及第三方在该环节中的作用。

一、选题构思

　　科技馆建设选题构思是科技馆建设项目启动前的关键步骤，它决定了科技馆未来的发展方向和特色。

（一）内涵

　　科技馆建设选题构思是指根据科技馆的建设目标、功能定位、受众需求等因素，通过深入研究和创意策划，确定科技馆建设的主题、内容、展示形式等

的过程。这一过程旨在确保科技馆能够充分发挥其科普教育、科技创新展示、公众互动体验等功能，满足社会公众对科技知识的需求和期望。

（二）流程

科技馆建设选题构思的流程通常包括以下几个步骤：

① 需求分析。对科技馆建设的背景、目标、受众等进行深入分析，明确科技馆建设的必要性和可行性。

② 主题确定。根据需求分析结果，结合科技馆的功能定位，确定科技馆建设的主题。主题应具有时代性、前瞻性和教育性，能够引领科技发展趋势，满足公众对科技知识的需求。

③ 内容规划。围绕确定的主题，规划科技馆的展示内容。内容应涵盖广泛的科学领域，注重科学原理、技术应用和未来发展的展示，同时注重趣味性和互动性，提高观众的参观体验。

④ 展示形式设计。根据展示内容的特点和需求，设计合适的展示形式。展示形式可以包括实物展示、模型演示、互动体验、虚拟现实体验等多种方式，以增强观众的参与感和体验感。

⑤ 方案评估与调整。对初步构思的方案进行评估，根据评估结果进行调整和优化。评估可以邀请专家、学者和公众参与，确保方案的科学性、合理性和可行性。

（三）基本原则

① 教育性原则。选题构思应始终围绕教育目标展开，确保科技馆能够充分发挥其科普教育功能。

② 创新性原则。鼓励创新思维和新颖展示方式的应用，提升科技馆的吸引力和影响力。

③ 互动性原则。注重观众的参与和互动体验，设计多样化的互动环节和活动，提高观众的参与度和满意度。

④ 可持续发展原则。考虑科技馆的长期运营和发展需求，确保选题构思符合可持续发展理念。

（四）注意事项

① 深入调研。在选题构思前应进行深入的调研工作，了解公众对科技知识的需求和期望及科技馆建设的发展趋势。

② 科学论证。对选题构思进行科学论证和评估，确保方案的科学性、合理性和可行性。

③ 注重特色。在选题构思中应注重突出科技馆的特色和亮点，避免与现有科技馆雷同或重复建设。

④ 多方参与。邀请专家、学者、公众等多方参与选题构思过程，充分听取各方意见和建议。

（五）第三方的作用

在科技馆建设选题构思过程中，第三方机构或专家可以发挥以下作用：

① 提供专业咨询。第三方机构或专家具备丰富的专业知识和实践经验，能够为科技馆建设提供专业的咨询和建议。

② 科学评估。对选题构思方案进行科学评估和分析，提出改进意见和建议，确保方案的科学性和可行性。

③ 引入外部资源。第三方机构或专家可以帮助科技馆引入外部资源和技术支持，提升科技馆的建设水平和展示效果。

④ 增强公信力。第三方机构或专家的参与可以增强科技馆建设选题构思的公信力和透明度，提高公众对科技馆的信任度和认可度。

二、工程立项

（一）内涵

科技馆建设工程立项是指通过一系列程序，确定科技馆建设项目的合法性、可行性及必要性，并获得相关部门的批准，从而正式启动科技馆建设项目的过程。立项是科技馆建设的第一步，也是关键一步，它决定了项目能否顺利推进和实施。

（二）流程

科技馆建设工程立项的流程通常包括以下几个步骤：

① 项目初步研究。对科技馆建设的必要性和可行性进行初步研究，提出建设项目的初步设想。

② 制作建设方案。分别提出科技馆项目的建筑方案和内容建设初步方案。建筑方案应通过招标选定设计单位完成，内容建设方案应提出展教工作基本思路和初步设想。

③ 项目申报。将建设方案报送至国家发展改革委等相关部门，提出立项申请。

④ 项目评审与批复。相关部门对申报的项目进行评审，评估其必要性、可行性及经济效益等，作出是否批准立项的决定。

⑤ 编制可行性研究报告。对批准立项的项目，进一步编制详细的可行性研究报告，为项目后续实施提供依据。

（三）基本原则

① 科学性原则。立项过程应基于科学的方法和严谨的态度，确保项目的必要性和可行性得到充分论证。

② 合规性原则。立项过程应严格遵守国家法律法规和相关政策规定，确保项目合法合规。

③ 经济性原则。在立项过程中应充分考虑项目的经济效益和社会效益，确保项目投入与产出相匹配。

④ 可持续发展原则。立项应关注项目的长期效益和可持续发展能力，确保项目能够持续为社会公众服务。

（四）注意事项

① 充分调研与论证。在立项前应进行充分的调研和论证工作，确保项目具有充分的必要性和可行性。

② 明确项目定位与目标。在立项过程中应明确项目的定位和目标，确保项

目能够满足社会公众的需求和期望。

③ 合理规划预算与资金。在立项时应合理规划项目的预算和资金安排，确保项目能够顺利实施并达到预期效果。

④ 加强与相关部门的沟通与协调。在立项过程中应加强与相关部门的沟通与协调，确保项目能够顺利获得批准并推进实施。

（五）第三方的作用

在科技馆建设工程立项过程中，第三方机构或专家可以发挥以下作用：

① 提供专业咨询与评估服务。第三方机构或专家具备丰富的专业知识和实践经验，能够为项目提供专业的咨询与评估服务，帮助项目方明确项目定位、优化设计方案、提高项目可行性等。

② 增强项目公信力与透明度。第三方机构或专家的参与可以增强项目的公信力与透明度，使得项目在申报和评审过程中更加客观公正，提高项目的成功率。

③ 促进项目创新与优化。第三方机构或专家可以通过引入新的理念和方法，促进项目的创新与优化，提高项目的科技含量和社会效益。

三、内容设计

（一）内涵

科技馆建设内容设计的内涵在于通过精心策划和布局，将科学知识、科技成果、科学思想以直观、生动、互动的方式呈现给公众，旨在提升公众的科学素养，激发科学兴趣，促进科技创新和社会进步。这包括展览内容的选定、展示方式的设计、互动体验的设置等多个方面。

（二）流程

① 需求分析。明确科技馆的建设目标和定位，分析目标观众群体的需求和兴趣点。

② 内容策划。根据需求分析结果，策划展览内容，确定展示的科学领域、主题和亮点。

③ 展示方式设计。设计合理的展示方式，包括实物展示、模型演示、多媒体互动、虚拟现实体验等，以增强观众的参与感和体验感。

④ 互动体验设置。设置丰富的互动体验项目，如动手实验、角色扮演、游戏挑战等，让观众在参与中学习和探索科学知识。

⑤ 方案评审与调整。组织专家对设计方案进行评审，根据反馈意见进行调整和优化。

⑥ 实施与运营。按照设计方案实施，并在运营过程中不断优化和调整展览内容，以保持科技馆的吸引力和时效性。

（三）基本原则

① 教育性原则。以教育为主要目的，确保展览内容具有科学性和准确性，能够提升公众的科学素养。

② 互动性原则。强调观众的参与和互动，通过多样化的展示方式和互动体验项目，增强观众的学习和记忆效果。

③ 创新性原则。注重展示方式和科技应用的创新，采用新颖的技术手段和设计理念，吸引观众的注意力和激发观众的兴趣。

④ 体验性原则。注重观众的体验感受，营造舒适的参观环境，提供有趣、有挑战性的互动体验项目。

⑤ 可持续发展原则。在设计和运营过程中考虑环保和节能，使用可持续材料和能源效率高的设计理念，体现科技馆的社会责任。

（四）注意事项

① 确保科学性。展览内容必须准确、科学，避免误导观众。

② 关注观众需求。根据目标观众群体的需求和兴趣点进行内容设计，确保展览具有吸引力。

③ 注重互动性。增强展览的互动性和参与性，提高观众的参与度。

④ 考虑无障碍设计。为残疾人士提供无障碍访问服务，确保所有观众都能平等地享受科技馆的服务。

⑤ 及时更新展览内容。保持展览内容的时效性和新鲜感，定期更新展览内容和展示方式。

（五）第三方的作用

第三方在科技馆建设内容设计中扮演着重要角色，主要体现在以下几个方面：

① 专业咨询。第三方机构或专家可以提供专业的咨询和建议，帮助科技馆确定建设目标和定位、策划展览内容、设计展示方式等。

② 评估与反馈。第三方可以对科技馆的建设内容设计方案进行评估和反馈，指出存在的问题和不足，提出改进意见。

③ 观众调研。第三方可以开展观众调研工作，了解目标观众群体的需求和兴趣点，为科技馆的内容设计提供数据支持。

④ 绩效评价。在科技馆运营过程中，第三方可以参与绩效评价工作，对展览内容、展示方式、互动体验等方面进行客观评价，帮助科技馆不断优化和提升服务质量。

四、建筑空间规划

（一）内涵

科技馆建筑空间规划的内涵在于通过科学合理的空间布局和设计，为科技馆的展览、教育、互动等功能提供适宜的场所和环境，确保科技馆能够高效、有序地运营，同时为观众提供舒适、便捷的参观体验。这包括感知空间、实体空间和虚拟空间的综合规划和设计，旨在通过空间的艺术创造，提升科技馆的整体魅力和吸引力。

（二）流程

① 需求分析。明确科技馆的功能定位、观众需求及展览内容，为空间规划提供基础依据。

② 初步设计。根据需求分析结果，进行科技馆建筑空间的初步设计，包括总体布局、各功能区划分、交通流线设计等。

③ 深化设计。在初步设计的基础上，进一步细化设计方案，包括空间尺寸、材料选择、装饰风格等具体细节。

④ 方案评审。组织专家对设计方案进行评审，根据反馈意见进行修改和完善。

⑤ 施工图设计。完成最终的设计方案后，编制详细的施工图，为施工提供指导。

⑥ 施工与监督。按照施工图进行施工，并在施工过程中进行质量监督和进度控制。

（三）基本原则

① 功能性原则。确保科技馆建筑空间能够满足展览、教育、互动等功能需求。

② 安全性原则。注重空间布局的安全性，确保观众和展品的安全。

③ 舒适性原则。为观众提供舒适、便捷的参观环境，包括良好的采光、通风、温度控制等。

④ 灵活性原则。考虑未来展览内容的更新和变化，确保空间具有一定的灵活性和可调整性。

⑤ 可持续性原则。注重环保和节能，采用可持续材料和节能技术，降低科技馆的运营成本。

（四）注意事项

① 合理布局。确保各功能区布局合理，交通流线顺畅，避免观众在参观过程中产生拥堵和混乱。

② 人性化设计。充分考虑观众的需求和体验，设置休息区、卫生间等便利设施，提供无障碍访问服务。

③ 注重细节。在设计中注重细节处理，如墙角美化、色彩搭配、灯光效果等，提升科技馆的整体品质。

④ 预留发展空间。为科技馆未来的发展预留足够的空间，确保科技馆能够持续更新和改进。

（五）第三方的作用

第三方在科技馆建设建筑空间规划中的作用主要体现在以下几个方面：

① 专业咨询。提供专业的咨询和建议，帮助科技馆制定科学合理的空间规划方案。

② 评估与反馈。对空间规划方案进行评估和反馈，指出存在的问题和不足，提出改进意见。

③ 施工监督。在施工过程中进行质量监督，确保施工质量和进度符合设计要求。

④ 后期评估。在科技馆运营后对空间规划效果进行评估，为未来的改进和优化提供参考依据。

例如，第三方评估单位在科技馆建设过程中可以发挥桥梁作用，对影响质量或品质的问题点逐一跟进，形成整改闭环，从而保障科技馆建筑空间规划的科学性和合理性。

五、形式设计

（一）内涵

科技馆建设形式设计的内涵在于通过创新的设计理念和手法，将科技馆的科学性、教育性、互动性和艺术性融为一体，创造出既符合科技馆功能需求，又具有独特魅力和吸引力的建筑空间。这包括科技馆的外观形态、内部

空间布局、展示方式、互动体验等多个方面的设计，旨在提升观众的参观体验，激发科学兴趣，促进科学知识的传播和普及。

（二）流程

① 明确目标与定位。首先明确科技馆的建设目标、功能定位及主要受众群体，为后续设计提供方向。

② 概念设计。基于目标与定位，进行科技馆的整体概念设计，包括外观形态、内部空间规划等。

③ 深化设计。在概念设计的基础上，进一步深化设计细节，如展示方式、互动装置、材料选择等。

④ 方案评审与调整。组织专家对设计方案进行评审，根据反馈意见进行必要的调整和优化。

⑤ 施工图设计。完成最终的设计方案后，编制详细的施工图，为后续施工提供指导。

⑥ 施工与监督。按照施工图进行施工，并在施工过程中进行质量监督和进度控制。

（三）基本原则

① 教育性原则。设计应围绕教育目标展开，确保展览内容和形式能够有效传递科学知识，提升公众科学素养。

② 互动性原则。注重观众的参与和互动体验，设计多种互动装置和体验项目，增强观众的参与感和体验感。

③ 创新性原则。鼓励创新设计，采用新颖的设计理念和技术手段，打造独特的科技馆品牌形象。

④ 安全性原则。确保设计符合安全规范，保障观众和展品的安全。

⑤ 可持续性原则。注重环保和节能设计，采用可持续材料和节能技术，降低科技馆的运营成本。

（四）注意事项

① 功能性与美观性并重。在追求美观性的同时，确保科技馆的功能性得到充分体现。

② 考虑观众需求。设计应充分考虑观众的需求和体验，提供便捷、舒适的参观环境。

③ 注重细节处理。在设计中注重细节处理，如色彩搭配、灯光效果等，提升科技馆的整体品质。

④ 保持更新迭代。随着科技的发展和观众需求的变化，科技馆的设计应保持更新迭代，以适应新的发展需求。

（五）第三方的作用

在科技馆建设形式设计过程中，第三方机构或专家可以发挥以下作用：

① 专业咨询与评估。第三方机构或专家可以为科技馆提供专业的咨询和评估服务，帮助科技馆制定科学合理的设计方案。

② 施工监督与质量控制。在施工过程中，第三方可以承担施工监督和质量控制的任务，确保施工质量和进度符合设计要求。

③ 后期运营与评估。科技馆建成运营后，第三方还可以参与后期运营评估工作，对科技馆的运营效果进行评估和分析，为未来的改进和优化提供参考依据。

六、工程委托与招标

（一）内涵

委托：在科技馆建设工程中，委托通常指建设单位（如科技馆管理方或政府部门）将工程的全部或部分工作委托给具有相应资质的单位（如设计单位、施工单位、招标代理机构等）来完成。这种委托关系基于合同，明确双方的权利和义务。

招标：招标是建设单位通过发布招标公告或邀请书，邀请潜在投标人参与竞争，从中选择条件最优的投标人完成工程建设任务的一种采购方式。招标过程遵循公平、公开、公正的原则，确保所有潜在投标人在同等条件下竞争。

（二）流程

委托流程：

① 明确委托需求。建设单位根据科技馆建设工程的需要，明确委托的具体内容和要求。

② 选择受托单位。通过市场调研、资质审查等方式，选择具有相应资质和能力的受托单位。

③ 签订委托合同。与选定的受托单位签订书面委托合同，明确双方的权利、义务和责任。

④ 实施委托工作。受托单位按照合同约定开展委托工作，建设单位进行监督和协调。

招标流程：

① 编制招标文件。建设单位根据工程需求编制招标文件，包括招标公告、投标邀请书、投标人须知、评标办法等。

② 发布招标公告。通过指定媒介发布招标公告，邀请潜在投标人参与投标。

③ 资格预审（如有）。对潜在投标人进行资格预审，确定符合要求的投标人名单。

④ 投标与开标。投标人按照招标文件要求提交投标文件，建设单位组织开标会议，公开唱标。

⑤ 评标与定标。组建评标委员会对投标文件进行评审，根据评审结果确定中标人。

⑥ 签订合同。建设单位与中标人签订工程承包合同，明确双方的权利、义务和责任。

（三）基本原则

① 公平、公开、公正。确保所有潜在投标人在同等条件下公平竞争，招标过程公开透明，评标结果公正合理。

② 诚实守信。各方当事人应诚实守信，遵守法律法规和合同约定，不得弄虚作假或串通投标。

③ 竞争择优。通过竞争机制选择条件最优的投标人完成工程建设任务，确保工程质量、进度和效益。

（四）注意事项

① 明确委托范围与要求。建设单位在委托前应明确委托的具体内容和要求，确保受托单位能够准确理解并执行。

② 选择合格的受托单位。通过严格审查受托单位的资质、业绩和信誉等情况，选择具有相应资质和能力的单位承担委托工作。

③ 完善招标文件。招标文件是招标工作的基础文件，应确保内容完整、准确、清晰，避免歧义和漏洞。

④ 加强监督与管理。建设单位应加强对受托单位和招标过程的监督与管理，确保各项工作按照合同约定和法律法规要求进行。

（五）第三方的作用

在科技馆建设工程委托与招标过程中，第三方（如招标代理机构、监理单位等）发挥着重要作用：

① 招标代理机构。协助建设单位编制招标文件、发布招标公告、组织开标和评标等工作，提高招标工作的专业性和效率。

② 监理单位。对工程建设过程进行监理，确保工程质量、进度和安全符合合同约定和法律法规要求。监理单位作为独立的第三方，可以对工程建设过程进行客观公正的评估和监督。

七、布展

科技馆建设布展是一个综合性的过程，旨在通过科学、合理的设计布局和展示手段，将科技馆打造成一个集科普教育、互动体验、科技展示于一体的场所。

（一）内涵

科技馆建设布展的内涵在于通过精心策划和设计，将科技馆的空间、展品、互动装置等元素有机结合，创造出既符合科技馆功能定位，又能吸引观众、提升参观体验的环境。这包括布展主题的确定、展示内容的规划、空间布局的设计、展品的选择与布置、互动装置的设置等多个方面。

（二）流程

① 前期准备。明确科技馆的建设目标和功能定位，进行市场调研和需求分析，确定布展主题和展示内容。

② 方案设计。根据前期准备阶段的工作成果，制定详细的布展方案，包括空间布局的设计、展品的选择与布置、互动装置的设置等。

③ 施工图绘制。将设计方案转化为施工图，明确施工细节和要求，为施工阶段的实施提供依据。

④ 施工实施。按照施工图进行现场施工，包括空间的改造、展品的安装、互动装置的调试等。

⑤ 验收与调整。施工完成后进行验收，检查布展效果是否符合设计要求，对存在的问题进行调整和优化。

（三）基本原则

① 教育性原则。布展应以科普教育为核心，确保展示内容具有科学性和教育意义，能够提升公众的科学素养。

② 互动性原则。注重观众的参与和互动体验，设置多种互动装置和体验项目，增强观众的参与感和体验感。

③ 创新性原则。鼓励创新设计，采用新颖的展示方式和科技手段，打造独特的科技馆品牌形象。

④ 安全性原则。确保布展过程中人员和展品的安全，采取必要的防护措施，避免发生安全事故。

⑤ 可持续性原则。注重环保和节能设计，采用可持续材料和节能技术，降低科技馆的运营成本，实现可持续发展。

（四）注意事项

① 明确主题定位。在布展前要明确科技馆的主题定位和功能需求，确保布展方案与主题定位相符。

② 合理规划空间。根据展示内容和观众流量合理规划空间布局，确保观众能够顺畅参观并充分体验展品和互动装置。

③ 精选展品与互动装置。选择具有代表性和吸引力的展品和互动装置，确保展示内容丰富多样且易于理解。

④ 注重细节处理。在布展过程中注重细节处理，如色彩搭配、灯光效果、标识系统等，提升科技馆的整体品质。

⑤ 考虑后期维护与更新。在布展设计时要考虑后期维护与更新的便捷性，确保科技馆能够长期保持良好的运营状态。

（五）第三方的作用

在科技馆建设布展过程中，第三方（如设计公司、施工单位、监理单位等）发挥着重要作用：

① 设计公司。负责布展方案的设计工作，提供专业的设计理念和创意方案，确保布展效果符合科技馆的功能定位和审美需求。

② 施工单位。负责布展方案的施工实施工作，按照施工图进行现场施工，确保施工质量和进度符合设计要求。

③ 监理单位。负责对施工过程进行监理和质量控制，确保施工过程中的安全和质量问题得到及时解决，保障布展工作的顺利进行。

八、监理

科技馆建设监理是确保科技馆建设工程质量、进度、投资和安全等方面得到有效控制的重要环节。

（一）内涵

科技馆建设监理是指监理单位受建设单位委托，依据国家相关法律法规、工程建设标准、勘察设计文件及合同，对科技馆建设工程实施的专业化监督管理。其目的在于确保工程建设活动符合国家安全生产和工程质量标准，维护建设单位和其他相关方的合法权益。

（二）流程

科技馆建设监理的流程一般包括以下几个阶段：

① 项目准备阶段。监理单位接受建设单位委托，组建项目监理机构；编制监理规划及监理实施细则，明确监理工作的目标、内容、方法和措施；熟悉工程图纸和相关文件，了解工程特点和技术要求。

② 施工准备阶段。审查施工单位的资质、人员配备及施工组织设计等；审查施工现场安全文明施工措施，确保符合规范要求；协助建设单位组织设计交底和图纸会审工作。

③ 施工阶段。对工程质量、进度、投资和安全进行全过程监控；定期组织工地例会，协调解决施工中出现的问题；对关键工序和隐蔽工程实施旁站监理，确保施工质量；对进场材料、设备等进行检验，确保符合设计要求。

④ 竣工验收阶段。审查施工单位提交的竣工资料，组织竣工预验收；协助建设单位组织竣工验收，对工程质量进行评估；编制监理工作总结报告，提交建设单位备案。

（三）基本原则

① 守法、诚信、公正、科学。监理单位应遵守国家法律法规，诚信履行合同义务，公正处理各方关系，科学开展监理工作。

② 预防为主。强调事前控制和主动监理，及时发现并纠正问题，避免质量、安全事故的发生。

③ 质量第一。始终把工程质量放在首位，确保工程满足设计要求和使用功能。

④ 严格监理。按照监理规划和实施细则要求，严格履行监理职责，不放过任何质量问题。

（四）注意事项

① 明确监理职责。监理单位应明确自身职责范围和工作内容，确保监理工作有序开展。

② 加强沟通协调。与建设单位、施工单位等各方保持密切沟通，及时协调解决施工中出现的问题。

③ 注重过程控制。对工程施工过程进行全面监控，确保各环节符合规范要求。

④ 做好资料管理工作。及时收集、整理监理资料，确保资料完整、准确、可追溯。

（五）第三方的作用

在科技馆建设监理过程中，第三方监理单位发挥着至关重要的作用：

① 专业监督。监理单位具备专业的技术知识和丰富的监理经验，能够对工程质量、进度、投资和安全等方面进行全面监督，确保工程建设活动符合规范要求。

② 沟通协调。作为独立的第三方机构，监理单位能够客观公正地协调建设单位、施工单位等各方关系，促进各方合作与交流。

③ 风险防控。通过全过程监理和严格的质量控制措施，监理单位能够及时发现并纠正施工中存在的问题和隐患，有效防控工程质量、安全事故的发生。

④ 提升品质。监理单位的参与能够提升科技馆建设工程的整体品质和管理水平，确保工程满足设计要求和使用功能，为公众提供优质的科普教育服务。

九、验收

科技馆建设验收是科技馆建设项目完成后的关键环节，旨在确保科技馆的建设质量、功能实现和安全性能达到设计要求和相关标准。

（一）内涵

科技馆建设验收是指对科技馆建设项目进行全面检查和评估，确认其是否符合设计文件、施工合同和相关标准规范的要求，以及是否满足使用功能和安全性能的需求。验收过程包括对工程实体质量、设备安装调试、系统集成效果、档案资料等方面的综合考量。

（二）流程

科技馆建设验收的流程通常包括以下几个步骤：

① 预验收。由施工单位自行组织，对科技馆建设项目进行全面检查，确保各项工程内容完成且质量合格。

② 提交验收申请。施工单位向建设单位提交验收申请，附上预验收报告及相关资料。

③ 组织验收小组。建设单位组织设计、施工、监理等单位及第三方检测机构成立验收小组。

④ 现场验收。验收小组对科技馆建设项目进行现场检查，包括对工程实体质量、设备安装调试、系统集成效果等方面的评估。

⑤ 资料审查。验收小组对施工单位的竣工资料进行审查，确保资料齐全、真实、准确。

⑥ 形成验收意见。验收小组根据现场检查和资料审查结果，形成验收意见，明确是否通过验收。

⑦ 整改与复验。对于验收中发现的问题，施工单位需进行整改，并申请复验，直至通过验收。

（三）基本原则

① 客观公正。验收过程应客观公正，不受任何单位和个人的影响。

② 全面细致。验收内容应全面细致，涵盖科技馆建设项目的各个方面。

③ 严格标准。验收标准应严格执行国家相关法律法规、标准规范及设计要求。

④ 实事求是。对于验收中发现的问题，应实事求是地记录并提出整改要求。

（四）注意事项

① 提前准备。施工单位应提前准备验收所需的各项资料，确保资料齐全、准确。

② 积极配合。施工单位应积极配合验收小组的工作，提供必要的支持和协助。

③ 认真整改。对于验收中发现的问题，施工单位应认真对待并及时整改。

④ 保留证据。验收过程中应保留好相关证据材料，以便后续处理可能出现的问题。

（五）第三方的作用

在科技馆建设验收过程中，第三方机构（如质量检测机构、专业评估机构等）发挥着重要作用：

① 独立评估。第三方机构可以对科技馆建设项目进行独立评估，确保验收结果的客观性和公正性。

② 专业检测。第三方机构具备专业的检测设备和技术人员，可以对科技馆建设项目的各项性能指标进行准确检测。

③ 风险防控。通过第三方机构的评估和检测，可以及时发现科技馆建设项目中潜在的风险和问题，并提出相应的防控措施。

④ 提升公信力。第三方机构的参与可以提升科技馆建设验收的公信力和透明度，增强公众对科技馆建设项目的信任和支持。

十、审计

科技馆建设审计是确保科技馆建设项目资金使用合理、合规，工程质量达标，以及项目管理高效的重要环节。

（一）内涵

科技馆建设审计是指审计机构或人员依据国家法律法规、审计准则及科技馆建设项目相关合同、文件等，对科技馆建设项目的资金使用、工程造价、工程质量、项目管理等方面进行的独立监督和评价活动。其目的是保障科技馆建设项目的合法合规性，提高资金使用效益，确保工程质量达标，促进项目管理规范化。

（二）流程

科技馆建设审计的流程通常包括以下几个步骤：

① 审计准备阶段。确定审计目标、范围和内容；组建审计团队，明确分工和职责；收集与科技馆建设项目相关的资料，包括合同、施工图纸、财务凭证等。

② 审计实施阶段。对收集到的资料进行审查和分析；对科技馆建设项目的现场进行实地考察，了解工程进展和质量情况；与项目相关方进行访谈，了解项目管理情况；对发现的问题进行记录和整理，形成审计底稿。

③ 审计报告阶段。根据审计底稿撰写审计报告，对审计结果进行客观、公正的表述；提出审计意见和建议，帮助项目相关方改进工作；将审计报告提交给相关管理部门或机构，供其决策参考。

（三）基本原则

① 客观公正原则。审计过程中应保持客观公正的态度，不受任何单位和个人影响。

② 依法审计原则。审计活动应严格遵守国家法律法规和审计准则的规定。

③ 全面性原则。审计范围应全面覆盖科技馆建设项目的各个方面，确保无遗漏。

④ 保密性原则。对审计过程中获取的商业秘密和敏感信息应予以保密。

（四）注意事项

① 充分准备。在审计前要做好充分的准备工作，包括收集资料、了解项目情况等。

② 细致审查。对收集到的资料要进行细致审查，确保审计结果的准确性。

③ 客观评价。在审计过程中要客观评价科技馆建设项目的各个方面，避免主观臆断。

④ 及时沟通。与项目相关方要保持及时沟通，了解项目实际情况，解决审计过程中遇到的问题。

（五）第三方的作用

在科技馆建设审计中，第三方审计机构发挥着重要作用：

① 独立性和客观性。第三方审计机构独立于项目相关方之外，能够保持审计的独立性和客观性，确保审计结果的公正性。

② 专业性和权威性。第三方审计机构具备专业的审计知识和丰富的审计经验，能够提供权威性的审计意见和建议。

③ 风险防控。通过第三方审计机构的审计活动，可以及时发现科技馆建设项目中存在的风险和问题，并提出相应的防控措施，降低项目风险。

④ 提升公信力。第三方审计机构的参与可以提升科技馆建设审计的公信力，提高公众对审计结果的信任度。

科技馆建设审计是保障科技馆建设项目合法合规、提高资金使用效益、确保工程质量达标的重要手段。在审计过程中应遵循客观公正、依法审计、全面性和保密性等原则，并注意充分准备、细致审查、客观评价和及时沟通等事项。同时，第三方审计机构的参与对于提升审计的独立性和客观性、提供专业性和权威性的审计意见和建议、防控项目风险及提升审计公信力等具有重要意义。

十一、决算

科技馆建设决算是科技馆建设项目在竣工后，对其建设过程中的各项费用进行汇总、核算和确认的过程，是确定科技馆建设最终投资成本的重要环节。

（一）内涵

科技馆建设决算旨在全面反映科技馆建设项目的实际投资情况，包括资金来源、使用情况及投资效益等。通过对建设成本的核算和分析，可以评估项目的经济合理性，为后续的项目管理和资金运作提供参考依据。

（二）流程

科技馆建设决算的流程一般包括以下步骤：

① 资料收集与整理。收集科技馆建设过程中的各类财务凭证、合同文件、支付记录等资料，并进行分类整理。

② 费用核算。根据收集到的资料，对科技馆建设的各项费用进行逐项核算，包括建筑工程费、设备购置费、安装工程费、设计费、监理费等。

③ 成本分析。对核算出的各项费用进行汇总分析，比较实际投资与预算投资的差异，分析差异产生的原因。

④ 编制决算报告。根据费用核算和成本分析的结果，编制科技馆建设决算报告，报告应详细列明各项费用明细、投资总额及投资效益等。

⑤ 审核与审批。决算报告编制完成后，需提交相关部门进行审核和审批，确保决算结果的准确性和合规性。

（三）基本原则

① 客观性原则。决算过程应客观反映科技馆建设的实际投资情况，不得弄虚作假或隐瞒事实。

② 准确性原则。各项费用的核算应准确无误，确保决算结果的可靠性。

③ 完整性原则。决算应涵盖科技馆建设过程中的所有费用项目，不得遗漏。

④ 合规性原则。决算过程应符合国家相关法律法规和财务制度的规定。

（四）注意事项

① 加强财务管理。在科技馆建设过程中，应建立健全的财务管理制度，确保各项费用支出的合规性和合理性。

② 及时收集资料。应及时收集决算所需资料并妥善保管，避免资料丢失或损坏而影响决算工作。

③ 严格审核把关。在决算过程中，应加强对各项费用的审核把关，确保决算结果的准确性和真实性。

④ 注重投资效益分析。在决算报告中应注重对科技馆建设投资效益的分析和评价，为后续的项目管理和资金运作提供参考依据。

（五）第三方的作用

在科技馆建设决算过程中，第三方机构（如会计师事务所）可以发挥以下作用：

① 独立审计。第三方机构可以对科技馆建设的决算结果进行独立审计，确保决算结果的客观性和准确性。

② 专业咨询。第三方机构具备专业的财务和审计知识，可以为科技馆建设提供决算方面的专业咨询和建议。

③ 风险防控。通过第三方机构的审计和咨询,可以及时发现科技馆建设决算过程中存在的问题和风险点,并采取相应的防控措施。

④ 提升公信力。第三方机构的参与可以提升科技馆建设决算的公信力和透明度,增强公众对科技馆建设项目的信任和支持。

十二、评估

(一)内涵

科技馆建设评估是指对科技馆建设项目进行全面、系统、客观的评价过程,旨在衡量项目的实施效果、经济效益、社会效益及可持续发展能力。评估内容包括但不限于项目的规划设计、建设质量、功能实现、运营管理、公众满意度等多个方面。通过评估,可以总结经验教训,为科技馆的后续建设和发展提供参考依据。

(二)流程

科技馆建设评估的流程通常包括以下几个步骤:

① 准备阶段。明确评估目的、范围和标准,组建评估团队,收集相关资料和信息。

② 实施阶段。制定评估方案,开展现场调研、问卷调查、专家访谈等工作,收集评估数据和信息。

③ 分析阶段。对收集到的数据和信息进行整理、分析,评估项目的实施效果、经济效益、社会效益等方面的情况。

④ 报告阶段。撰写评估报告,总结评估结果,提出改进建议,并向相关方提交报告。

⑤ 反馈与改进阶段。根据评估报告的反馈意见,对科技馆建设项目进行必要的改进和调整。

（三）基本原则

① 客观性原则。评估过程应客观公正，不受主观因素的影响。

② 全面性原则。评估内容应全面覆盖科技馆建设项目的各个方面。

③ 科学性原则。评估方法应科学合理，能够准确反映项目的实际情况。

④ 时效性原则。评估工作应及时进行，以便及时发现问题并采取相应措施。

⑤ 透明性原则。评估过程和结果应公开透明，接受社会监督。

（四）注意事项

① 确保评估的独立性。评估团队应保持独立性，避免与项目相关方存在利益关系。

② 注重数据的真实性和可靠性。评估过程中所收集的数据和信息应真实可靠，避免虚假数据对评估结果产生影响。

③ 充分考虑公众意见。公众满意度是评估科技馆建设项目效果的重要指标之一，应充分听取公众意见，并将其纳入评估范围。

④ 注重持续改进。评估结果应及时反馈并用于指导科技馆建设项目的持续改进和优化。

（五）第三方的作用

在科技馆建设评估中，第三方机构发挥着重要作用：

① 提供客观公正的评估结果。第三方机构独立于项目相关方之外，能够客观公正地评估科技馆建设项目的实施效果和社会效益。

② 具备专业评估能力。第三方机构通常具备专业的评估团队和评估方法，能够准确反映项目的实际情况并提供有价值的评估建议。

③ 增强评估结果的公信力。第三方机构的参与可以增强评估结果的公信力，使得评估结果更容易被社会认可和接受。

④ 促进项目持续改进。第三方机构提供的评估结果和建议可以为科技馆建设项目的持续改进和优化提供有力支持。

十三、监督和考核

科技馆作为普及科学知识、提升公众科学素养的重要场所，其运营公司的服务质量、展品维护情况、设备设施维护情况及收费情况等直接关系到科技馆的运营效果和社会影响。

（一）内涵

① 服务质量监督与考核。主要关注运营公司在提供科普教育、展示服务、票务管理、会务服务、影视播放等方面的专业性和满意度。这包括服务态度、响应速度、问题解决效率及观众和内部员工的反馈等。

② 展品维护情况监督与考核。确保展品状态良好，能够正常展示并达到预期的教育效果。监督展品的安全性、完好率、更新频率及日常维护记录等。

③ 设备设施维护情况监督与考核。涵盖科技馆内所有基础设施（如照明、空调、消防、监控等）和专用设备的运营状态。检查设备设施是否按规范进行日常维护、保养及故障处理，确保其安全高效运营。

④ 收费情况监督与考核。确保科技馆的收费项目公开透明，符合物价部门规定，无乱收费现象。同时，评估收费与服务质量是否相匹配，是否有利于科技馆的可持续发展。

（二）流程

① 制定标准与指标。明确各项监督与考核的具体标准和指标，包括服务质量的量化指标、展品完好率、设备故障率等。

② 数据收集与整理。通过现场检查、问卷调查、观众反馈、内部报告等多种方式收集数据，并进行整理分析。

③ 评估与考核。依据既定标准和指标，对运营公司的各项表现进行评估打分，形成综合考核报告。

④ 反馈与改进。将考核结果反馈给运营公司，提出改进建议，并监督其实施改进措施。

⑤ 定期复查。定期对科技馆的运营情况进行复查，确保问题得到持续改进。

（三）基本原则

① 公正公开。确保监督与考核过程公正无私，结果公开透明。

② 科学合理。制定科学合理的标准和指标，确保考核结果的客观性和准确性。

③ 持续改进。鼓励运营公司不断发现问题、解决问题，实现服务质量的持续提升。

④ 以人为本。以观众和员工的体验为中心，关注其需求和反馈，优化服务流程。

（四）注意事项

① 确保数据来源的可靠性。选择多种渠道收集数据，避免单一数据来源带来的偏差。

② 注重实地检查。通过实地检查了解展品和设备设施的真实状态，避免纸上谈兵。

③ 建立有效的沟通机制。与运营公司保持密切沟通，及时传递考核结果和改进建议。

④ 关注长期效果。不仅关注短期内的表现，更要关注长期内的持续改进和发展趋势。

（五）第三方的作用

① 客观评价。第三方机构作为独立的监督方，能够提供更加客观、公正的评价结果，减少利益冲突。

② 专业指导。第三方机构通常具备丰富的专业知识和经验，能够为科技馆的运营提供专业指导和建议。

③ 增强公信力。引入第三方监督与考核，能够增强科技馆的社会公信力和影响力，提升观众和员工的信任度。

④ 推动持续改进。第三方机构可以通过定期复查和评估，推动科技馆不断发现问题、解决问题，实现服务质量的持续提升。

十四、经验总结与分析

（一）内涵

科技馆建设经验总结与分析，是对科技馆建设全过程中积累的经验、遇到的问题、解决方案及成效进行系统性回顾、提炼和评估的过程。其目的在于为未来科技馆的建设提供参考和借鉴，推动科技馆事业的持续健康发展。这一过程不仅关注科技馆的建筑设计、展品陈列、科普教育等硬件和软件设施的建设，还深入剖析科技馆的运营管理、社会影响及可持续发展能力等方面。

（二）流程

科技馆建设经验总结与分析的流程通常包括以下几个步骤：

① 资料收集。全面收集科技馆建设过程中的各类资料，包括设计方案、施工图纸、施工日志、展品资料、运营数据等。

② 案例研究。选取具有代表性的科技馆建设案例进行深入剖析，分析其成功经验和存在的问题。

③ 经验提炼。对收集到的资料和案例研究结果进行归纳整理，提炼出科技馆建设过程中的共性经验和特色做法。

④ 问题诊断。针对科技馆建设中存在的问题进行深入分析，找出问题产生的根源。

⑤ 对策建议。基于经验提炼和问题诊断的结果，提出改进科技馆建设的对策建议。

⑥ 成果应用。将总结分析得出的经验和对策建议应用于未来的科技馆建设实践中，推动科技馆事业的持续发展。

（三）基本原则

① 客观性原则。总结分析过程应客观公正，避免主观臆断和偏见。

② 全面性原则。应全面考虑科技馆建设的各个环节和方面，确保总结分析的全面性和系统性。

③ 实践性原则。总结分析的经验和对策建议应具有可操作性和实用性，能够指导未来的科技馆建设实践。

④ 创新性原则。鼓励在总结分析过程中提出新的思路和方法，推动科技馆建设领域的创新和发展。

（四）注意事项

① 注重实地考察。在进行科技馆建设经验总结与分析时，应注重实地考察和调研，以获取第一手资料和真实情况。

② 关注公众需求。科技馆作为面向公众的科普教育场所，其建设经验总结与分析应充分考虑公众的需求和期望。

③ 加强跨学科合作。科技馆建设涉及多个学科领域，应加强跨学科合作与交流，共同推动科技馆建设经验的总结与分析工作。

④ 注重持续改进。科技馆建设是一个不断发展和完善的过程，经验总结与分析应注重持续改进和优化，以适应时代发展和公众需求的变化。

（五）第三方的作用

在科技馆建设经验总结与分析过程中，第三方机构或专家可以发挥以下作用：

① 提供独立视角。第三方机构或专家独立于科技馆建设方之外，能够提供更为客观和独立的视角来审视科技馆建设过程中的经验和问题。

② 专业评估与建议。第三方机构或专家通常具备丰富的专业知识和实践经验，能够对科技馆建设过程进行专业评估并提出有针对性的改进建议。

③ 增强公信力。第三方机构或专家的参与可以增强科技馆建设经验总结与分析的公信力和权威性，使得总结分析的结果更容易被社会认可和

接受。

④ 推动创新发展。第三方机构或专家可以通过引入新的理念和方法来推动科技馆建设领域的创新发展，为科技馆事业的持续健康发展注入新的活力。

第 7 章
唐山科技馆社会化运营效果评价

一、运营效果评价的方法

运营效果评价是现代管理中的重要组成部分，旨在通过多种方法对运营活动的效率与效果进行评估。本章系统梳理了几种常用的运营效果评价方法，包括专家打分法、客户满意度调查法、关键绩效指标法（KPI）、整体效益评估法、平衡计分卡（BSC）和态势分析法等，这些方法可以在科技馆运营效果评价时借鉴使用。

（一）专家打分法

专家打分法是一种常用的定性评估工具，旨在通过集结行业内的专业人士对项目或运营效果进行评分，以获取专业见解。这一方法的实施通常包括几个关键步骤：首先，研究团队需要设计评分标准，这些标准应明确反映评价的核心要素，以确保评分过程的公正和一致性。随后，邀请多位领域内的专家独立进行打分，确保每位专家能够在没有外部影响的情况下表达自己的看法。

在数据分析方面，专家打分法通常关注评分的平均值、标准差等统计指标，以评估整体评分的趋势和一致性。平均值可以反映出专家们对项目或运营效果的普遍看法，而标准差则能够揭示专家之间评分的一致性或分歧程度。

专家打分法能够提供深厚的专业见解，考虑到行业特定因素和细节，能够有效捕捉到复杂情境中的多样性。这种方法尤其适用于需要专业判断和行

业知识的领域，如新产品的市场适应性、技术方案的可行性研究及政策的社会影响评估。不过，其结果往往受制于专家的主观判断，可能存在一定的偏差。不同专家的背景、经验和个人偏好可能导致评分结果存在一定差异，这可能影响最终结论的客观性和可靠性。因此，为了提高评估的准确性，通常在选择专家时，尽量涵盖不同领域的代表，以减少主观因素的影响。

总体而言，专家打分法因其独特的优势而被广泛应用于新产品评估、技术可行性研究及政策评估等领域。通过系统化的专家评分，研究人员能够更全面地理解项目的潜在风险与机会，为后续决策提供有力的支持。

（二）客户满意度调查法

客户满意度调查是一种通过多种方式收集客户对产品或服务满意程度的有效方法，通常采用问卷和访谈等工具进行数据收集。这种方法能够深入了解客户的需求和期望，从而帮助企业改进其产品和服务质量。问卷设计是调查的关键环节，通常包括多个维度的问题，旨在全面评估客户的满意程度。

在具体指标方面，客户满意度调查通常涵盖满意度评分、净推荐值（NPS）和客户留存率等。满意度评分反映了客户对产品或服务的整体感受，常以 1 到 5 或 1 到 10 的评分方式呈现。净推荐值（NPS）则测量客户向他人推荐产品或服务的意愿，是评价客户忠诚度的一个重要指标。客户留存率则显示了企业在维持客户关系方面的成功程度，是衡量客户长期满意度的关键指标。

此方法的主要优点在于能够直接反映用户体验，提供真实的客户反馈，便于企业在短时间内收集大量数据。这种数据不仅有助于评估当前的客户满意度，还能够揭示客户对未来产品和服务的期望，从而指导企业的战略决策和市场定位。样本选择是影响调查结果客观性的一个重要因素，如果样本不具有代表性，那么结果可能失真，无法准确反映整体客户群体的满意程度。此外，问卷设计的科学性和有效性也至关重要，问题的措辞、顺序及选项设置可能会影响客户的回答，进而影响调查结果的准确性和可信度。

客户满意度调查被广泛应用于服务行业、产品改进和市场研究等领域。企业利用这一方法来获取客户的真实反馈，及时调整市场策略和运营模式，

从而提升客户满意度，增强客户忠诚度。通过定期开展客户满意度调查，企业不仅能够跟踪客户需求的变化，还能在激烈的市场竞争中保持竞争优势。

（三）关键绩效指标法

关键绩效指标（key performance indicator，KPI）是一种通过设定可量化的绩效指标来衡量和评估企业运营效果的重要工具。KPI 的核心在于将复杂的业务目标转化为具体的、可测量的指标，从而为管理层提供清晰的工作方向和绩效标准。常见的 KPI 指标包括销售增长率、市场份额、成本控制、客户满意度和员工绩效等。这些指标帮助企业监测其业务健康状况，并及时调整策略以实现预定目标。

销售增长率是 KPI 中常用的指标之一，能够直观反映企业在一定时间内的销售业绩变化，帮助管理层评估市场反应和销售策略的有效性。市场份额则提供了企业在行业中的相对竞争力的视角，揭示了企业在目标市场中的地位及其潜在的增长空间。而 KPI 指标中的成本控制则关注企业在运营过程中对资源使用的效率，能够帮助管理层识别潜在的节约机会，提升整体盈利能力。

KPI 的主要优点在于其明确的量化特性，使得绩效评估变得直观、可操作，便于跟踪和管理。通过设置具体的 KPI，企业能够在日常运营中实时监测绩效，确保各部门的工作与企业整体战略目标一致。此外，KPI 的可量化特性使得各级管理者能够轻松评估团队和个人的表现，为绩效考核和激励机制提供依据。

KPI 也存在一些局限性。第一，过度依赖数字化表现可能导致企业忽视一些定性因素。例如，客户满意度虽然可以通过调查得出量化指标，但其背后复杂的客户体验和情感因素往往难以用数字充分体现。这种情况下，企业可能会作出不符合实际情况的决策。第二，如果 KPI 的设定缺乏科学性和前瞻性，则管理者可能只关注短期目标而忽视长期战略发展，形成"指标驱动"的误区。

KPI 被广泛应用于企业管理、项目评估和战略规划等领域。许多企业利用 KPI 作为绩效管理体系的核心工具，以确保各项业务活动始终对齐企业的长期战略目标。通过定期回顾和调整 KPI，企业能够灵活应对市场变化，提

升运营效率，从而在竞争中获得更大的优势。

（四）整体效益评估法

整体效益评估法是一种综合性的评估工具，旨在全面评估运营活动所带来的社会、经济和环境效益。这一方法不仅关注经济回报，还强调社会责任和环境可持续性，体现了现代企业和政府在决策过程中对综合效益的重视。通过评估多个维度，整体效益评估法能够为利益相关者提供更为全面的视角，帮助他们理解运营决策的长远影响。

在具体指标方面，整体效益评估法常用的指标包括经济回报、社会影响和环境效益等。经济回报通常通过投资回报率（ROI）等财务指标来衡量，反映了项目或政策对经济的直接贡献。社会影响则关注运营对社会福祉的影响，如创造就业机会、促进社会公平和改善社区发展等。环境效益则评估运营对生态环境的影响，包括资源消耗、污染排放和生态保护等方面。

整体效益评估法的优点在于其能够全面考虑各类效益，适合可持续发展评估。在当今社会，越来越多的企业和组织意识到，仅仅追求经济利益并不足以确保长远的发展。通过采用整体效益评估法，决策者能够更好地理解其运营活动在不同方面的影响，确保在追求经济利益的同时，也兼顾社会责任和环境保护。不过，由于不同组织和行业对效益的定义和衡量方法各异，评估结果的可比性可能降低。此外，量化社会和环境效益往往存在困难，因为这些效益往往涉及复杂的因果关系，难以用简单的数字来表述。

整体效益评估法广泛适用于政府政策评估和社会企业等领域。在政府政策评估中，决策者利用这一方法来衡量政策实施的多维效果，以确保政策在经济、社会和环境方面的协调发展。而在社会企业领域，整体效益评估法则帮助企业在追求盈利的同时，关注社会价值的创造，以实现社会影响和经济效益的双赢。

（五）平衡计分卡

平衡计分卡（balanced score card，BSC）是一种综合性管理工具，通过财务、客户、内部流程和学习成长4个维度，对组织的运营效果进行全面评价。

这一方法的核心在于打破传统财务指标的局限，强调将战略目标转化为具体的可操作指标，帮助组织实现长期可持续发展。

在财务维度上，平衡计分卡关注组织的财务绩效指标，如收入增长率、利润率和投资回报率，这些指标反映了组织在经济上的成功程度。客户维度则侧重于客户满意度和客户保留率等指标，通过评估客户对产品和服务的感知，帮助组织更好地理解市场需求。内部流程维度关注内部运营的效率与效果，如生产效率和服务交付时间，旨在识别和优化关键业务流程。学习成长维度强调员工培训、知识管理和创新能力等指标，反映了组织在提升内部能力和适应变化方面的投入。

平衡计分卡的显著优点在于其综合性强，能够促进组织在多个维度上的全面发展。通过将各个维度的指标结合在一起，BSC 帮助管理层清晰地看到不同领域之间的关系，如客户满意度如何影响财务表现，内部流程如何支持学习和成长。这种全方位的视角使得决策者能够更有效地制定战略，并确保各部门的工作始终与组织的整体目标保持一致。不过，BSC 的实施过程相对复杂，要求组织对各个维度及其指标进行细致的规划和设计。此外，由于外部环境和市场条件的变化，BSC 的指标需要定期更新和调整，以确保其持续有效。若未能及时调整，则组织在战略实施过程中可能偏离目标。

平衡计分卡广泛适用于大型企业和公共机构的战略管理。在大型企业中，BSC 帮助管理层协调不同部门的目标，确保资源的有效配置。而在公共机构中，BSC 则被用作评估公共服务的效率和效果，帮助决策者更好地理解政策实施的影响。

（六）态势分析法

态势分析法，又称 SWOT 分析，是一种用于评估组织或项目内部优势（strengths）、劣势（weaknesses）以及外部机会（opportunities）和威胁（threats）的战略规划工具。该分析方法通过系统地评估和分析内外部环境因素，帮助组织制定有效的战略规划。

优势是指组织内部独有的核心竞争力，如技术专利、品牌声誉、高效供应链或人才储备。例如，华为的 5G 技术专利、苹果的生态系统整合能力均是

典型优势。

劣势是指组织内部存在的短板或限制因素，如资金不足、管理效率低下、产品同质化等。例如，传统零售企业在数字化转型中常面临技术积累不足的劣势。

机会是指来自外部环境的有利趋势或潜在增长点，如政策扶持、市场需求扩张、技术革新等。例如，新能源汽车行业受益于"双碳"政策，迎来爆发式增长机会。

威胁是指外部环境中的风险或挑战，包括竞争对手的崛起、政策法规变化、经济波动等。例如，跨境电商企业面临国际贸易摩擦和物流成本上升的双重威胁。

SWOT 分析的目的是全面了解组织的内在条件和外部环境，找到最适合的发展方向和策略，以实现资源的最优配置和目标的有效达成。这一方法在企业管理、市场营销、项目评估等多个领域得到了广泛应用，具有较强的实用性和指导性。

在 SWOT 分析中，ST、SO、WO 和 WT 分别代表策略组合的 4 种类型，这些策略旨在利用企业的内部优势和外部机会，同时应对内部劣势和外部威胁，如图 7-1 所示。SO（strengths-opportunities）策略利用企业的内部优势（strengths）来抓住外部机会（opportunities），最大限度地利用市场机会，实现企业的快速发展。例如，企业可以利用其技术创新能力和品牌知名度来进入新兴市场，扩大市场份额。WO（weaknesses-opportunities）策略通过克服内部劣势（weaknesses）来抓住外部机会（opportunities），例如，通过培训和引进高素质人才来提升管理效率，以更好地响应市场需求的变化。ST（strengths-threats）策略利用企业的内部优势（strengths）来应对外部威胁（threats），通过企业的强项抵御或减轻外部环境中的不利因素，例如，通过技术创新和提升产品质量来增强竞争力，从而抵御市场上竞争对手的威胁。WT（weaknesses-threats）策略则是企业在面对内部劣势和外部威胁时，采取的防御性策略，目的是减少企业的弱点并尽量降低外部威胁的影响，例如，通过重组或缩减业务来维持企业的生存。通过这些策略组合，企业能够制定更加全面和有效的发展战略，充分发挥自身优势，弥补劣势，抓住机会，规避威

胁，提升在市场中的竞争力和可持续发展能力。

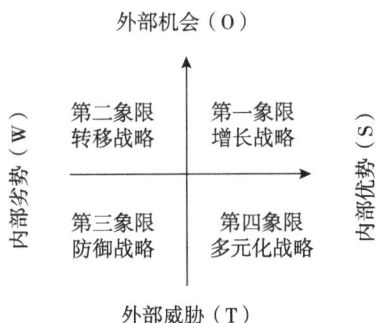

外部机会（O）

图 7-1 SWOT 分析图

本章将采用 SWOT 分析法对唐山科技馆运营效果进行分析。在科技馆的运营中，SWOT 分析是一种非常有价值的工具。通过对科技馆的内外部环境进行全面评估，可以明确其内部的优势和劣势，并识别外部环境中的机会和威胁。例如，科技馆的优势可能包括丰富的展品资源和高素质的教育团队，劣势则可能是资金短缺和设施老化等问题。外部机会可能来自于政府的政策支持和科技进步带来的新展示技术，威胁则可能来自于其他娱乐教育设施的竞争和经济波动对参观人数的影响。

二、SWOT 分析

（一）现有运营模式优势（S）

科技馆社会化运营是指科技馆由政府出资建设，通过政府购买服务的形式，将科技馆整体或部分业务交由企业运营管理。社会化运营给政府和科技馆的管理带来方方面面的优势。

1. 节约资金成本

目前，国内科技馆运营管理基本上采取 4 种方式，即自营模式、部分业务委托第三方运营公司模式、全部业务委托第三方运营公司模式、PPP 模式。例

如，广东科学中心采用的是部分服务外包（物业外包，含客服、讲解、安保、工程、消防、保洁、绿化等）。前两种模式下，除门票收入外，每年政府还需补贴大量资金。全部业务委托第三方运营公司模式，目前只有福建厦门科技馆、内蒙古阿拉善盟科技馆等少数科技馆采用。通过对国内科技馆运营模式的考察借鉴，唐山科技馆通过公开招投标，坚定不移地采取了委托管理、整体打包、购买社会化服务的措施，这是国内特大型科技馆唯一采用的管理模式，有效解决了政府招兵买马、大包大揽、承担无限管理责任的问题。

2. 解决人员编制问题

唐山科技馆总建筑面积 4.1 万平方米，常设展厅 1.7 万平方米，属国家特大型场馆，按照《科学技术馆建设标准》（建标 101—2007）每 200 平方米配备一名工作人员的要求，至少需要 205 名工作人员，科技馆的编制有限，并不能解决这么多人的编制问题。实行社会化运营，采用整体外包形式运营科技馆，工作人员编制问题便迎刃而解。

唐山科技馆在实行社会化运营之初，就很重视原来在科技馆工作的 20 多名临时展教人员的编制问题。经过科协推荐和双向选择，仅用 5 天时间他们就全部与运营公司签订了劳动合同。这些工作人员有多年的工作经验，加上科协机关和科技馆的长期培养，上岗后已全部成为运营公司的管理高层和业务骨干。此举既减轻了市财政负担，又实现了职工全部重新就业、工资收入也有所增长，达到了职工、运营公司、科技馆三方满意的结果。

3. 运营机制灵活

社会化运营给科技馆的管理带来更多灵活的内容。一是经费使用灵活。政府部门经费使用条条框框较多，针对科技馆运营当中的展品维修、设备维护等经费使用，政府经费使用并不能给予相应的倾斜，给科技馆的管理造成很多瓶颈。企业运营则可以避免此类现象发生，企业财务相对灵活，在展品维修、设备维护、人员培训等方面有更多的便利。二是人员招聘灵活。科技馆招聘馆内工作人员有诸多限制，即使是招聘劳务派遣人员也要层层报批、正规考试、层层审查等，程序烦琐，效率不高。而企业招聘则免去了很多不必要的程序，只要是符合科技馆不同岗位工作人员的要求，政治过硬，经企业人事部门同意即可参加培训，上岗工作。即使出现人员流动，也可以通过

人员储备，尽快补上人员缺口，避免因招聘程序烦琐造成的工作人员长时间短缺，给科技馆运营造成阻碍。三是活动开展灵活。科技馆自身开展活动受到事业单位身份的限制，很多活动无法开展，社会化运营后，企业开展活动相对灵活，可开展的活动形式更多样，比如可开展大型冠名科普活动、科普竞赛等，实现企业联合，形成双赢局面。

（二）现有运营模式不足（W）

现有社会化运营方式在科技馆行业中是一种创新之举，既降低了运营成本又精简了机构和人员配置，最大限度地调动了员工的工作积极性。四年来，唐山科技馆对运营公司实施了量化管理，较圆满地完成了年运营目标，取得了一定的社会效益和经济效益，受到了社会各界较好的赞誉。但在实际运营过程中，内部管理及业务开展方面也存在一些不足之处。

1. 现有运营模式易造成资金缺口

目前，第三方运营公司年运营经费固定，其中包含展品维修及开展活动的费用。但随着科技馆接待观众日益增多及展品展项质保期限已过，目前展品展项损坏率升高；此外，为满足公众科普需求，科普活动开展的频次及种类也不断增加。以上现状导致了科技馆的运营存在较大的资金缺口，制约了科技馆的运营管理。对黑龙江省科学技术馆、内蒙古科学技术馆、天津科学技术馆、厦门科技馆、宜兴科技馆等单位进行调研，发现运营方面存在的共性的、突出的问题是资金投入不足。唐山科技馆作为建筑面积 41 000 平方米、常设展览面积17 000 余平方米的特大型馆，需要大量资金保障正常运营。此外，在评审会议上，专家们也都指出，随着科技馆展厅升级、人力成本上涨，基本运营费用增加，势必会造成运营资金更大的缺口。

2. 基础设施设备及展品展项维修维护费用严重不足

唐山科技馆自 2019 年 7 月 18 日开馆至今，无论基础设施设备还是展品展项均远远超出了质保范围。如果仍按照现行运营经费配额，基础设施设备维修维护、展品展项维修维护、科普活动开展等诸项工作都将面临经费拮据的局面。对此，评审专家建议将基础设施设备维修维护及展品展项维修维护

这两项的费用单独列支，增加经费投入。同时，为了让科技馆常办常新，还需适时增加展品展项及展区的更新改造费用。

3. 运营管理专业化和精准化有待强化

随着科技馆功能的拓展，对科技馆管理运营人员的要求越来越高。科技馆运营单位应懂得精准化管理，精通科技馆展品陈列、保管、维护等工作，配备掌握市场运作与宣传的复合型人才。但第三方公司各部门员工职责不够清晰，分工不够明确，专业人员配置不足，管理欠精准。为此，要加强对运营公司的管理和监督，增强统筹和管控力度，提升团队的专业性，并且与考评体系相衔接。可以考虑通过改变运营模式，提高科技馆对所有项目的管控力度，让专业的人做专业的事，提倡采取专业化分工的模式运营。

4. 现有运营模式下业务开展不受控

现行独家整体化运营模式导致科技馆对核心业务模块的监管效能弱化，具体表现为在特种设备运维等专业技术板块存在服务能级不足现象。以消防系统、电梯设施等特种设备维保为例，第三方运营机构在维保供应商遴选及服务标准制定层面具有完全自主决策权，形成实质性的监管盲区，致使科技馆作为责任主体难以实施有效的质量监督与合规管控。

（三）现有运营模式机会（O）

1. 科技教育需求增长

随着社会的进步和科技的发展，公众对科技知识的渴求程度日益增强。新的科技成果和技术的引入使得科技馆能够向公众展示更加先进、更加前沿的科学知识，提高公众的科学兴趣和科学素养。同时，科技创新也为科技馆的运营和管理提供了新的手段和方法，提高了科技馆的服务质量和工作效率。越来越多的人开始关注科学、学习科学、应用科学。这为科技馆提供了广阔的市场空间和发展机遇。

2. 政策支持与资金投入

近年来，政府对科普事业的重视程度不断提高，对于科技馆的建设和运营给予了更多的政策支持和资金投入。例如，加大科技馆建设投入、提高

科普经费预算、鼓励社会力量参与科普事业等。这些政策的实施为科技馆提供了广阔的发展空间，也为科技馆的创新发展提供了有力保障。

3. 数字化与信息化创新

随着互联网和信息技术的发展，数字化和信息化已经成为科技馆创新发展的重要方向。唐山科技馆可以利用先进的技术手段，加强线上科普资源的开发和应用，打造数字化科普平台，为公众提供更加便捷、高效的科普服务。

4. 国际合作与交流

随着全球化的不断深入，国际的科技交流和合作日益频繁。这为科技馆提供了更多的国际合作和交流的机会。通过与国外科技馆的合作和交流，可以引进国外先进的科技展览和科普理念，提高科技馆的国际化水平和影响力。同时，也可以向国外展示中国的科技成果和文化魅力，增强中国的国际影响力和软实力。

（四）现有运营模式威胁（T）

1. 市场竞争日益激烈

随着科技馆数量的不断增加和市场竞争的日益激烈，唐山科技馆面临来自其他科技馆和科普场馆的竞争压力。

2. 观众需求变化多样

随着时代的变迁和社会的发展，公众对于科技馆的期望和需求也在不断变化。唐山科技馆需要密切关注观众需求的变化趋势，及时调整展览内容和形式，以满足不同年龄段、不同文化背景观众的需求。

3. 科技更新迭代迅速

科技发展的速度越来越快，新的科技成果不断涌现。唐山科技馆需要紧跟科技发展的步伐，不断更新展览内容和形式，以保持其科技教育的先进性和吸引力。否则，一旦展览内容过时或者技术落后，将难以吸引公众前来参观学习。

4. 资金压力与运营风险

科技馆的运营需要大量的资金投入，包括场地租金、设备购置费、人员工资等。同时，科技馆的运营也面临一定的风险，如观众数量下降、展览效

果不佳等。

5.人才资源短缺

科技馆的运营和管理需要专业的科普人才和管理人才。然而科普事业的特殊性和发展历史较短等因素使得科普人才和管理人才相对短缺。这导致科技馆在人员招聘、培训和管理等方面面临一定的困难。

综上所述，社会化专业承包运营模式为多家单位共同协作运营，专业性较强，每家单位工作开展比较专一，各司其职，各单位均可在科技馆的监督管理下顺利有序地开展工作。采用社会化专业承包模式进行运营管理能够更好地完善人员配比、增强执行力、创新工作思维、优化资金投入及使用、增强责任意识、强化团队协作、加强业务能力和团队管理，科技馆整体业务水平将会得到全面提升。

三、战略制定

科技馆事业是党和政府领导下的科普工作的重要组成部分。创新升级科技馆的运营管理机制，有助于实现唐山市"三个努力建成""三个走在前列"的奋斗目标。

（一）SO策略：充分利用资源优势，推动科技馆扩展与创新

第一，利用资金成本优势，扩大运营规模。

随着科技馆社会化运营的深入推进，资金成本节约成为其显著优势之一。这一优势不仅为科技馆提供了更多的资金支持，也为其未来的发展奠定了坚实的基础。为了充分发挥这一优势，科技馆可以进一步推动自身的升级和扩展，从而吸引更多的观众，提升知名度和影响力。

一方面，科技馆可以考虑增加展览面积；另一方面，科技馆可以积极更新展品。随着科技的快速发展，新的科技成果层出不穷，科技馆需要不断更新展品，保持与时俱进。通过利用资金成本节约的优势，科技馆可以加大对展品的投入，引进更多先进的科技成果，为观众呈现更加前沿、更具吸引力的展览内容。

此外，科技馆可以通过与其他机构合作，共同举办大型科普活动，不断扩大自身的知名度和影响力。例如，科技馆可以与学校、科研机构等合作，共同开展科普讲座、科学实验等活动，吸引更多的观众参与。这不仅可以为科技馆带来更多的观众流量，还能促进科技馆与其他机构的交流与合作，实现资源共享和互利共赢。

第二，发挥人员编制灵活优势，优化团队结构。

社会化运营模式下，科技馆在人员招聘方面拥有较大的灵活性。这一优势使科技馆能够积极招聘具备专业背景和创新能力的人才，优化团队结构，提升整体运营效率和服务质量。科技馆加强员工培训和管理。通过定期开展培训活动，提升员工的专业素养和创新能力，使其能够更好地适应科技馆的发展需要。同时，科技馆还可以建立完善的激励机制和考核机制，激发员工的工作积极性和创造力，提升整体运营效率和服务质量。

第三，运用运营机制灵活优势，创新活动形式。

社会化运营模式下，科技馆在运营机制方面拥有较大的灵活性。科技馆可以积极开展线上科普活动。利用互联网和新媒体平台，开展线上科普讲座、科学实验等活动，为观众提供更加便捷、丰富的科普资源。同时，积极开展与其他企业的合作，共同举办科普竞赛、科普展览等活动。联合举办活动这一举措不仅可以增加科技馆的观众流量和曝光度，还能促进科技馆与其他企业的交流与合作，实现资源共享和互利共赢。此外，通过引入企业资金和技术支持，科技馆还可以进一步提升活动的质量和水平，为观众带来更加精彩的科普体验。

（二）ST策略：加强资金保障和能力建设，确保科技馆持续发展

第一，应对资金缺口威胁，提前规划资金使用。

科技馆的运营成本高昂，包括展品的维修、更新，活动的策划、执行，以及员工薪酬、日常开销等。面对这一挑战，科技馆必须提前规划资金使用，合理分配运营经费，以确保其可持续发展。

首先，科技馆应建立一个相对完善的财务规划体系。这个体系应该包括预算制定、执行监控、调整优化等多个环节。在预算制定阶段，科技馆需要

全面考虑各类运营成本，并根据实际情况设定合理的预算额度。在执行监控阶段，科技馆应定期对预算执行情况进行检查，确保各项费用都在预算范围内。然后，科技馆应注重资金的流动性和使用效率。最后，科技馆还应积极探索多元化的资金来源。除了政府拨款和门票收入外，科技馆还可以通过与企业合作、接受社会捐赠等方式筹集资金。这不仅可以缓解资金压力，还可以为科技馆的发展提供更多的支持。

第二，提升专业能力，应对专业能力不足。

随着科技馆的不断发展，对专业能力的要求也越来越高。然而，现有运营模式可能导致的专业能力不足问题也逐渐凸显出来。为了应对这一挑战，科技馆必须注重提升团队的专业素养和创新能力。首先，应加强对员工的培训和教育。通过定期的培训和学习，员工不断掌握新的知识和技能，提升自己的专业素养。然后，科技馆应积极引进专业人才。在招聘过程中，应注重应聘者的专业背景和实践经验，确保招聘到的人才能够胜任相应的工作岗位。最后，科技馆还应加强与高校、科研机构等在人才交流方面的合作，共同开展科研项目和人才培养工作。共同合作不仅可以为科技馆提供更多的技术支持和人才保障，还可以促进科技馆与高校、科研机构之间的交流和合作，实现资源共享和互利共赢。

（三）WO策略：弥补内部短板，抓住发展机遇提升服务

第一，弥补人员配置不足，抓住市场机遇。

随着科技馆的不断发展，人员配置问题逐渐成为制约其进一步发展的关键因素。特别是在面临市场机遇时，人员配置不足可能导致科技馆无法迅速响应，错失良机。因此，通过社会化运营方式，增加人员配置，确保科技馆在关键时刻能够有充足的人力资源，成为科技馆发展的重要策略。

科技馆需要明确自身在市场中的定位和发展目标。了解市场需求和竞争态势，分析科技馆在市场中的优势和劣势，有助于科技馆制订更为精准的人员配置计划。同时科技馆还应注重员工的培训和发展。通过定期的培训和学习，提升员工的专业素养和创新能力，使其能够更好地适应科技馆的发展需要。同时，科技馆还应建立激励机制和考核机制，激发员工的工作积极性和

创造力，提升整体运营效率和服务质量。

第二，提升服务质量，满足公众需求。

科技馆作为科普教育的重要场所，其服务质量直接关系到公众对科技馆的满意度和科技馆的市场竞争力。因此，科技馆需要不断了解公众对科普教育的需求和期望，通过改进服务流程、提升服务质量，满足公众的需求，提升科技馆的市场竞争力。

科技馆需要深入了解公众的需求和期望。通过问卷调查、座谈会等方式，收集公众对科技馆的意见和建议，分析公众对科普教育的需求和期望。在此基础上，科技馆可以制定更为精准的服务策略，提供更加符合公众需求的服务。

科技馆还应注重服务创新。通过引入新的服务理念和方式，开展多样化的科普活动，丰富公众的体验和感受。例如，可以开展线上科普活动，利用互联网和新媒体平台，为公众提供更加便捷、丰富的科普资源。同时，科技馆还可以与其他机构合作，共同开展科普项目，实现资源共享和互利共赢。

（四）WT策略：强化内部管理与外部合作，降低运营风险

第一，加强内部管理，降低运营风险。

科技馆作为一个公共科普教育机构，其在运营过程中面临着诸多内外部威胁，如资金短缺、人员配置不足、市场竞争激烈等。为了保持稳定的运营状态，科技馆必须加强内部管理，建立健全内部管理制度和风险控制机制。

科技馆应制定明确的内部管理制度。这些制度应涵盖人员管理、财务管理、物资管理、安全管理等各个方面，确保科技馆的各项工作都有章可循、有据可查。在制度制定过程中，科技馆应充分考虑自身的实际情况和发展需求，确保制度的实用性和可操作性。

科技馆应建立完善的风险控制机制。这包括对市场风险、财务风险、运营风险等各类风险的识别、评估、监控和应对。科技馆应设立专门的风险管理部门或岗位，负责全面梳理和评估科技馆面临的风险，制定相应的风险应对措施和预案。同时，科技馆还应建立风险预警系统，实时监测科技馆的运营状态，发现异常情况时及时采取措施进行处置。

　　在加强内部管理的过程中，科技馆应注重提高员工的风险意识。通过培训和教育，员工了解科技馆面临的风险和挑战，明确自身在风险管理中的责任和义务。同时，科技馆还应建立健全奖惩机制，对在风险管理中表现突出的员工给予表彰和奖励，对违反风险管理规定的员工进行严肃处理。

　　第二，寻求合作伙伴，共同应对挑战。

　　科技馆在运营过程中面临的挑战和困难往往需要通过多方合作才能得到有效解决。因此，科技馆应积极寻求与其他企业、机构或组织的合作机会，共同应对挑战。通过与企业的合作，科技馆可以开发科普项目、举办科普活动，提高公众的参与度和满意度。科技馆也可以寻求与科研机构的合作。科研机构拥有先进的科研设备和专业的科研团队，可以为科技馆提供最新的科研成果和科普资源。通过与科研机构的合作，科技馆可以引进先进的科普理念和展示技术，提升科技馆的科普教育水平。此外，科技馆还可以寻求与其他文化机构的合作。博物馆、图书馆等文化机构与科技馆在科普教育方面有着共同的目标和追求，可以通过共同开展科普活动、举办科普展览等方式，实现资源共享和互利共赢。

第 8 章
新时期科技馆高质量发展的探索

一、关于科技馆运营机制的探索与创新

改革开放以来，在党和国家的大力支持下，我国的科技馆建设和运营得到了很大的发展，同时也发现了一些问题和矛盾。笔者结合国内科技馆的现状，并借鉴国外类似场馆的经验，对科技馆的运营提出一些建议。

（一）成就斐然，矛盾初现

1.建设成就

中国科协编制的《科学技术馆建设标准》（建标 101—2007）指出：科技馆是以提高公众科学文化素质为目的，组织实施科普展览及相关社会化活动的科普宣传教育机构，是实施科教兴国战略和可持续发展战略的基础性设施，是我国科普事业的重要组成部分。科技馆是一个不以营利为目的、为社会和经济发展服务的、公开的科普宣传教育机构。科技馆的功能是向公众普及科学知识，弘扬科学精神，传播科学思想和科学方法。

改革开放以来，随着国内经济的高速发展，为更好地推动科学技术的普及工作和提高全民的科学素养，各级政府对科技馆的建设十分重视。自 1984 年中国科学技术馆开工建设，并于 1987 年正式向公众开放以来，我国的科技馆建设正式进入了一个快速发展的阶段。截至 2024 年 12 月，我国地市级以上城市基本都已经建成或正在规划建设。近些年，各地新开放的科技馆人气爆棚。这充分说明了社会公众对这种公益科普活动的认可和追求。科技馆的地

位不断提高，社会影响力越来越大。

2.运营管理

科技馆的运营机制有几十年的发展历史，也正在进行快速的建设和发展，逐步建立并完善。具体的运营方式主要有2种，以科技馆自主运营为主，另外有占比较小的科技馆采用社会企业承包运营方式。

不管以哪种方式进行运营，当前主要还是延续传统事业单位的经营模式，存在社会地位不够高，政策、资金持续支持力度小，管理方式传统、落后，运转机制不灵活，资源配置欠合理等弊端。其运营资金主要用于人员工资、设施设备及展品展项维护、临时布展、科普下乡、科普宣传、科普培训等方面。由于科技馆的公益属性，运营资金主要由政府全额拨款（极少部分由企业提供赞助）。另外，部分场馆利用一些外围经营项目，如门票、特效影院、餐厅、科普商店、停车场等作为运营补贴，但这部分的占比很小。

3.运营矛盾

主要矛盾：科技馆的运营需要的资金量较大且必须可持续。如果这部分费用完全由政府承担，压力过大，而如果政府对科技馆的需求无法满足，则无法保障其正常运营。因此，当前科技馆运营的主要矛盾是科技馆的公益属性和商业运营之间的平衡问题。如果完全按其公益属性运营，则全部经费都应该由政府埋单，这样势必会造成当地财政的压力过大，甚至无法承担。而科技馆按其社会职能需要开展一些科普活动或承担展览以外的功能，也会显得力不从心。如果采用市场化模式运营，则变成了纯商业行为，违背了科技馆的社会公益属性。

次要矛盾：科技馆内的展品展项更新周期如果跟不上科学技术的飞速发展，没有新概念科技元素的及时注入，科技馆就会慢慢失去新颖的吸引力和前沿科技的灵魂，并逐渐演变成一座老旧展品展项的陈列馆，而展品展项的研发更新同样需要大量的资金做后盾。

（二）与时俱进，创新运营

当前，我国科技馆设施内容建设和服务能力增强，科普基础设施的展教资源总量达到了一定规模，展教品类型不再是清一色的标本、图片和实物，电子播放演示设备、互动性展品越来越多地出现在科普基础设施中。尽管我国科技馆建设取得了长足的发展，但整体建设水平与发达国家相距甚远，尚不能满足全民科学素质提高与创新型国家建设的需要。区域发展不平衡，经济落后、科教文化资源匮乏地区科普基础设施少；各省市科普场馆沟通贫乏，资源共享效果差；科普资源不足，科普活动少；管理传统化，运营机制落后等都是制约我国科技馆发展的瓶颈。因此，科技馆若要有效完成提高公众科学文化素质的使命，就必须与区域各馆紧密配合，广纳人才，增强"造血"功能，建立长效机制。通过各种沟通方式，形成社会联动、协同开展科普大局面，搭建科普服务平台，逐步建立起科普资源开放化的整合机制及科普工作联动化的工作机制，变"独唱"为"合唱"，在同区域寻找一切可以合作的对象，实现多方"共赢"。

1990年7月1日，加拿大科学技术博物馆公司（The Canada Science and Technology Museums Corporation，CSTM）成立。作为一家联邦国营公司，加拿大科学技术博物馆公司负责运营加拿大科学技术博物馆及其两个附属博物馆，即加拿大航空和航天博物馆（Canada Aviation and Space Museum，CAFM）和加拿大农业和食品博物馆（Canada Agriculture and Food Museum，CAFM）。CSTM通过展示和解释加拿大的科学和技术创新，激励加拿大青年继承从知识中发展价值的传统，创造新的或经过改进的思想，将现代科学技术的发展者及开发者培养成商业伙伴。这样就为科技馆的发展注入了新的活力，同时也为科技馆的运营带来了长效机制。

1.创新体制机制，打造新的运营模式

结合国内大部分科技馆的现行体制，科技馆主管部门可成立监督管理机构，以月、季度或年为单位，通过量化考核，分析科技馆运营中的优势、劣势、机会和不足，及时为科技馆的发展"诊断""把脉""治病"，让其永远健康向上和充满活力。

科普场馆必须要谋划好未来的发展，建立可持续发展的长期规划，转变管理机制，尽快形成标准化、规范化、科学化、现代化的管理模式。具体来讲，科技馆几大方面工作都要服从服务于科普场馆基本功能、发展方向与未来发展目标，要充分了解公众需求，为公众提供需要的科普知识和科学文化，不断改进和提高科技馆的主动服务意识，提高工作效率，为观众这个核心群体做好服务，提高观众的满意度，同时达到提高公众科学素质的基本目的。科技馆不断规范完善运营管理工作，不断增设相应的质量管理体系，最终达到科技馆的自我调节、自我更新及自我发展。

2.协调联动，打造"区域自然科普场馆联盟"

20 世纪 80 年代，中国第一座科技馆在北京破土动工，随后的 30 年，全国各省市的科技馆犹如雨后春笋般拔地而起。就河北省而言，面积 18.88 万平方千米，常住人口 7500 余万人，而已建成的实体科普场馆仅有几座，科普大篷车寥寥无几。这远远达不到《全民科学素质行动规划纲要（2021—2035 年）》的要求，更无法满足当今民众对科普的需求，严重制约了河北省人民公共科学素养的提高。为此，河北省可以部分影响力大、吸引力强、交通便利、运营灵活的省市级科普场馆为基础，将其打造成区域性中心馆，成立以该馆为中心的"区域自然科普场馆联盟"，将该区域内的科普场馆资源进行有效的整合与共享，搭建合作与交流平台，实现共享共建、互惠互利、共创共赢，推动本区域科普工作的开展。通过联盟内部各类资源的优化、整合，将各类科普场馆紧紧联系在一起，利用各自的资源优势，主动出击，通过研学游、教育培训等方式，开展形式多样、种类繁多的科普活动。积极与校企联合、定期开展科技创新活动，为高新技术企业和科技工作者做好对接服务，并可通过科技节、科技交流、科技成果展示等多种形式，将最新的前沿科技成果及时高效地推向市场，并迅速转化为社会生产力。搭建科普活动平台，实现联盟内的科普资源互动。同时，为成员单位提供交流学习服务，定期和不定期开展联盟成员间科普方法和理论的研究、技术交流和培训，推进联盟内成员间科普资源的互惠互利。

当然，科技馆运营机制的创新不仅是一个长期的工作任务，也是一个长期的探索过程。这就要求相关人员在具体运营过程中不能安于现状，要居安

思危，更新理念，勇于创新，敢于担当，积累经验，总结教训，开拓进取，为中国的科技馆事业创造性地走出一条创新之路。以此为基础，科技馆行业平稳健康向上发展，更好地推动全民科学文化素质提升工作，实现科技馆事业的再次飞跃。

二、科普场馆提高主动服务意识的探索

自然科普场馆是科学技术普及工作的重要平台，是为公众提供科普服务的有利阵地，是国家公共文化服务体系的重要组成部分。以各类自然科普场馆为依托，使公众了解科学、学习科学，树立科学观念，崇尚科学精神，提高公众的科学素质。然而，站在新世纪的门槛上，面向未来，一个进入全球经济一体化的时代已经到来。自然科普场馆作为科教兴国的基础设施，只有向更深层次发展，才能适应新世纪的需要。在这种新形势下，科普场馆有必要针对如何做好本职工作、如何发挥好社会作用进行战略性的研究，而这种研究必须与时代紧密结合，必须创新思路，打破固有模式，让各类科普场馆不再局限于固定的展示内容和宣传手段，使之走出去，将其请进来，协调联动聚力科普资源，提高主动服务意识，让科普事业嵌入社会、融入生活。因此只有从根本上做到理念创新，才会诞生出具有强大生命力的全新科普模式。

提高主动服务意识，让自己"走出去"，将别人"请进来"。"主动服务意识"原本是指在个人和企业与一切利益相关的人或企业的交往中，所体现的提供热情、周到、主动服务的欲望和意识，即自觉主动做好服务工作的一种观念和愿望。

科普场馆是提高城市综合竞争力和公民科学文化素养的公益性场所，是社会公益性科技教育场所，是城市文明的窗口。科普场馆的主要功能就是普及科学知识，传播科学思想，倡导科学方法，弘扬科学精神，服务于广大人民群众，所以服务就成为科普场馆发展的根本所在。在如今科普场馆的建设与发展中，如何满足观众日益提高的要求是科普场馆提高服务质量不懈的动力。在市场化的环境中，科普场馆只有切实践行服务大众的理念，才能够让

社会真正认可，从而实现经济和社会效益，才能真正完成科普场馆的宗旨。所以，科普工作者需要打破固有模式，调整工作方式，将主动服务意识注入工作中。

第一，健全科普场馆内部管理机制，加强自身素质培养，提升馆内服务质量。为参观者提供舒适的环境、便捷的服务、多样化的展品，并能够让参观者感受到"以趣激情、寓教于乐"。提高业务水平、树立主动服务意识，更好地服务参观者。科普场馆工作人员就是科普场馆的形象代言人，只有综合素质高的员工才能维护好场馆的形象。在实际工作中要牢记科技馆是社会公益机构，应该牢固树立为广大群众服务的思想，主动将参观者当作朋友，以诚相待，随时随地以参观者为重，尽心尽力为参观者服务。

第二，丰富科普场馆服务内容，满足大众的多元化需求，使之"走出去"。现代意义上的科普场馆不仅仅是科教场所，还是休闲娱乐场所，目的在于让公众在轻松娱乐的状态中体会科技魅力。从实际情况来看，我国科普场馆在开发研制特色展品上有其薄弱性的一面，而且展品的淘汰更新率也比较低。为了丰富展示内容，科普场馆大多通过举办临时展览的形式，图文并茂，配合一些简单互动的小展品，并结合独特的展览结构，实现科技知识与社会热点的接轨，向公众解答时事热点中的科学现象和原理。科普场馆除了吸引公众到馆内学习科学知识外，还应主动"走出去"，积极开展科普进校园、科普进社区、科普进企业等活动，以点带面，扩大科普教育的普及面和科普场馆的社会影响力。通过开展科技下乡和科普大篷车活动，深入街道、社区、学校、乡村等，让更多的人参与科普活动，近距离感受科学的魅力。

第三，紧密结合实际，挖掘社会力量，将其"请进来"。新时期，科普场馆在开展各项科普活动时，必须针对广大群众对科学文化日益增长的实际需要，认真分析研究不同社会群体、阶层对科学文化知识的需求及其变化，以做到有的放矢地为全社会提供科学文化产品。随着科技的迅猛发展和国民素质的提高，越来越多的人已经不满足于掌握一般的科技知识，开始关注科技发展对经济和社会的巨大影响，关注科技的社会责任问题。转基因作物、食品安全、环境污染、药物副作用、克隆动物、高科技犯罪、全球变暖等问题，都与人民生活质量和身心健康密切相关，这些都是公众关注的焦点，然

而正是人们需要了解这些问题，科普工作者才必须设法提供科学的解释。所以必须将社会各领域的人才"请进来"，这样就可以让公众了解最新的科技动态，科普也就能更好地服务于社会。这就要求科普事业要继往开来，不断创新，运用好社会资源，在做好科普场馆向公众单向传授科普知识的同时，也要推动社会力量与公众之间的双向互动，强调社会力量的科普责任。

第四，充分利用媒体资源，扩大科普场馆对公众的吸引力和影响力。当今社会是资讯飞速发展的时代，科普工作如果离开了媒体宣传的力量，其效果将大打折扣。对于任何一个社会组织来说，通过媒体来扩大自己的影响力和服务面不失为一个最经济、效果最好的方式，让科普场馆走进荧屏、广播，走向报刊、网络，通过大众传媒向社会延伸，无形之中打开服务面，让科普场馆的资源为更多的人共享已不再是梦想。

无论是科普场馆的常设展览还是由此开发的科普活动，如果只是闭门造车，而不是在强化宣传意识上下功夫，那么就无法吸引公众参与到科普场馆的科普活动中去，更无法实现提高公众科学文化素质的使命。因此，科普场馆应该注意加强与报刊、广播、电视和网络等媒体的合作，构建科学传播网络平台，借助媒体对科学思想、现代科学技术发展动态及科普活动的跟踪报道，提升科普场馆在公众心目中的形象。

第9章
结论与展望

一、结论

第一，唐山科技馆社会化运营成效显著。唐山科技馆作为地级市科技馆的代表，率先在全国实施了"政府财政拨款、科技馆监督管理、第三方社会化整体运营"的模式。这一运营模式在全国范围内起到了示范效应，为其他科技馆的社会化运营提供了宝贵的借鉴经验。唐山科技馆在保持公益性科普服务的基础上，成功引入社会资本和专业团队参与运营，有效提升了科技馆的管理效率和服务质量，优化了资源配置，显著增强了公共服务能力。科技馆的社会化运营不仅有效缓解了政府财政压力，还通过市场化手段提升了科技馆的影响力和服务水平，促进了科技资源的广泛传播与共享。

第二，多元化合作推动了运营模式的创新。唐山科技馆的社会化运营模式离不开多元化的合作机制。通过与多家社会机构、科技企业的合作，科技馆在展品展项的更新、运营管理的优化及科技资源的整合等方面取得了显著成效。其委托的第三方运营公司在运营过程中采用了市场化运作手段，使得科技馆的展览和活动更加贴近市场需求，提高了公众参与度，提升了科普教育的传播效果。同时，社会化运营模式也在一定程度上缓解了政府的财政压力，使得运营资金的筹集更加灵活多样。这类运营模式不仅带来了新的技术和管理理念，还帮助科技馆实现了可持续发展，推动了科技馆运营模式的创新与升级。

第三，社会化运营模式的挑战与应对。尽管社会化运营带来了诸多优势，但也存在一些挑战，如如何保持科技馆的公益性与社会效益之间的平

衡，如何在商业化运作中避免过度依赖市场力量等。针对这些挑战，唐山科技馆通过制定严格的运营监管机制、加强与政府部门的协作、保持公众参与度等措施，逐步化解潜在的矛盾，确保科技馆的长远发展。唐山科技馆的社会化运营模式应继续深化，特别是在提升公众科学素质、扩大社会影响力、增强可持续性等方面探索更多可能性。

二、未来展望

基于上述分析，本书从制度建设、科普人才培养、资源协同、特色展品展项开发、科普活动设计、信息化建设等方面提出以下展望：

第一，规范并完善科技馆运营相关政策。建议地方政府制定和完善有关科技馆社会化运营的专项政策与法规，明确社会化运营的管理框架、责任分工及监督机制。在政策制定中，应注重加强政府与社会资本的合作，鼓励多方参与科技馆运营，确保科技馆在社会化过程中能够保持其公益性和科普职能。政府应定期评估科技馆社会化运营成效，及时调整和优化政策，提供必要的政策保障和法律支持，推动科技馆运营模式的不断创新与发展。

第二，建立规范化管理制度，完善人才培养机制。建议政府与科技馆联合制定科普人才培养规划，通过与高校、科研机构的合作，建立科普人才培养基地，为科技馆输送具备专业知识和创新能力的人才。完善人才激励机制，提供有竞争力的薪酬待遇和职业发展路径。此外，应注重加强现有科普人员的培训与职业技能提升，定期开展科普人员的继续教育，提升他们的科学传播能力和管理水平。应针对科技馆运营管理、人员管理及安全管理等方面制定全面的管理办法，确保科技馆各项工作有序开展，提高管理水平和服务质量。建立科学合理的考核制度，定期开展工作培训，鼓励工作人员参与业务培训班、比赛、论坛等活动，不断提升业务水平与素质。促进社会人才参与科技馆建设，通过搭建志愿者平台，吸引具有专业知识和技能的志愿者，为科技馆注入多元社会力量。

第三，整合利用区域科普资源，加强与科研机构、高等院校、企业、其他科技馆等的合作，推动国内与国际交流，拓宽资源协同渠道。鼓励学术研

究，丰富学术交流活动，通过创建学术论坛和合作平台，吸引更多学术资源，进一步丰富其科研和教育活动，推动科学研究与科普教育的深度融合。充分挖掘科普资源，通过与其他单位平台的合作，实现优势互补，增强科技馆教育的科学性、前沿性与大众性。借助馆际合作，推动经验交流和资源共享，提升自身展陈质量和管理水平。通过国内外交流合作，吸收先进的运营经验，激励科技馆搭建覆盖更广泛国际受众的科普交流平台，提高科普教育的国际影响力。

第四，开发特色展品展项，建立展览评估和更新机制。科技馆应结合本地特色、科技前沿及观众需求，设计和开发具有独特性和创新性的展品，加深公众对本地科技发展的认知。科技馆还需建立系统的展览评估和更新机制，定期收集观众的反馈和建议，及时进行调整和改进。针对特色展项的开发实践，一是融合地方特色，如历史文化、自然资源和产业特色等，增强展览的地域文化认同感。二是注重弘扬科学家精神，通过展示科学家的生平事迹、科学成就及社会贡献，激发观众特别是青少年群体对科学的热爱。三是注重互动体验，通过融合多媒体技术，设计互动性强的展览项目，并建立数字化展示平台，提高观众的参与度和体验感。

第五，设计多种类、多层次科普教育项目，推动科普服务进校园、社区，促进科普资源流动，服务多样化群体。科技馆应结合自身资源优势与特色，从教育内容、服务对象和实施方式等方面对科普教育项目进行系统设计和规划，打造特色科普品牌，开发针对不同年龄层和教育背景的科普教育项目。推动科普服务进校园和社区，借助科普进校园、科普大篷车、流动科技馆等形式，定期开展科学教育活动，如科学实验课、科技竞赛、科学展览、科学讲座等，提升公民的科学素养和科学意识。此外，科技馆还应利用数字技术和在线平台，推动远程教育和虚拟展览建设，扩展科普教育的覆盖面，实现科普资源的最大化利用。

第六，以观众满意度为核心，全面加强服务体系建设。科技馆需拥有完善的基础设施和配套服务，并构建全面的信息化平台，包括智能化展览管理系统和数字化观众服务系统。智能化展览管理系统可以实现对展览设备和内容的实时监控与调整，提升展览的互动性和观众体验。数字化观众服务系统

则可以提供在线预订、虚拟导览和实时反馈功能，提升观众参观的便捷性。科技馆还应该注重展览内容的持续更新，定期推出与前沿科技发展及研究成果相关的展项。此外，科技馆还可结合自身特色，开发多元化的科普教育产品，如科学玩具、教育图书、创意纪念品等。借助综合性措施，使科技馆更好地服务观众，促进公众科学素养的提升，实现科技馆的社会价值和教育使命。

附录1　唐山科技馆媒体报道情况

附表1　2021年媒体报道情况

时间	内容名称	媒体名称
2021-06-30		唐山新闻
2021-07-04	"庆建党百年·观科技变迁"临展	百度APP
2021-08-07		学习强国
2021-08-09	庆祝建党100周年——河北唐山市科普大篷车走进乐亭、曹妃甸	全国流动科普设施服务平台——科普大篷车
2021-08-31	展科技变迁·普科技知识——记唐山科技馆科普教育主题临展	河北省科协
2021-08-31	唐山科技馆举办"庆建党百年·观科技变迁"科普教育主题展	中国科协官网
2021-09-13	唐山科技馆"庆建党百年·观科技变迁"网上虚拟科普教育展	网易新闻
2021-09-13		中国科技工作者之家
2021-10-12	河北省唐山市科普大篷车进校园活动走进迁西、遵化、路北	全国流动科普设施服务平台——科普大篷车
2021-11-29	庆祝建党100周年——河北省唐山市科普大篷车走进滦南	全国流动科普设施服务平台——科普大篷车

附表 2　2022 年媒体报道情况

时间	内容名称	主流媒体名称
2022-01-05	庆祝建党 100 周年——河北省唐山市科普大篷车走进路北区	全国流动科普设施服务平台——科普大篷车
2022-01-05	河北省唐山市科普大篷车走进迁西县第三小学	全国流动科普设施服务平台——科普大篷车
2022-01-13	河北省唐山市科普大篷车点亮孩子科技梦	全国流动科普设施服务平台——科普大篷车
2022-01-15		学习强国
2022-01-17		河北日报
2022-01-17		河北新闻网
2022-02-03	唐山科技馆科普长廊：科普"打卡地"春节不打烊【视频】	唐山新闻
2022-10-03	唐山科技馆：为青少年插上科学梦想的"翅膀"	直播 50 分
2022-10-06	唐山科技馆：开启青少年科学探索之旅	直播 50 分

附表 3　2023 年媒体报道情况

时间	内容名称	主流媒体名称
2023-01-30	唐山市科协主席李健侠到科技馆检查指导工作	河北省科协
2023-02-22	唐山科普大篷车巡展活动走进滦南	河北省科协
2023-02-28	河北唐山：市科技馆开展"科技馆里的科学课"系列科普活动	今日头条
2023-02-28		唐山榜新媒体
2023-03-01		河北省科协
2023-03-21	唐山科普大篷车巡展活动走进迁西	河北省科协
2023-04-06	河北省唐山市科普大篷车走进迁西多所小学	全国流动科普设施服务平台——科普大篷车

时间	内容名称	主流媒体名称
2023 - 04 - 07	河北省唐山市科普大篷车巡展活动走进开平	全国流动科普设施服务平台——科普大篷车
2023 - 04 - 17	河北省唐山市科普大篷车巡展活动走进迁安	全国流动科普设施服务平台——科普大篷车
2023 - 04 - 19	河北省唐山市科普大篷车巡展活动走进滦南	全国流动科普设施服务平台——科普大篷车
2023 - 05 - 24	科普之翼｜唐山科技馆：探索科学原来这么有趣	长城新媒体客户端
2023 - 07 - 18	"我和夏天有个约会"——25名特殊小客人走进唐山科技馆	环渤海新闻网
2023 - 07 - 18		"唐山+"客户端
2023 - 08 - 26	唐山科技馆科普公开课以趣味点缀暑期	环渤海新闻网
2023 - 08 - 26		"唐山+"客户端
2023 - 08 - 30	唐山："打卡"科技馆感受科技魅力	河北广播电视台冀时客户端
2023 - 08 - 31	科学探索永无止境 科学家精神薪火相传	河北网络广播电视台
2023 - 09 - 25	"新形势下科技馆运营·发展的创新探索"主旨论坛在唐山召开	环渤海新闻网东北亚论坛
2023 - 09 - 25		"唐山+"客户端
2023 - 09 - 30	科技馆行业专家齐聚唐山创新探索科技馆运营发展	河北新闻网东北亚论坛
2023 - 09 - 30	东北亚创新论坛之科技馆馆长论坛在我市举行	直播50分
2023 - 10 - 07	2023年全国科普日唐山科普大篷车巡展活动走进丰润	网易新闻
2023 - 10 - 14	助力学校"双减"科技点燃梦想！唐山市科协到曹妃甸组织科普大篷车进校园活动	网易新闻

续表

时间	内容名称	主流媒体名称
2023 - 10 - 25	【关爱未成年人】"科普创新助双减"挖掘未成年人科学素养潜能——唐山市科协未成年人思想道德建设工作品牌	环渤海新闻网
2023 - 10 - 28	河北滦州："科普大篷车"进校园	新华社客户端
2023 - 11 - 02	唐山市丰润区："科普大篷车"进校园	河北共产党员网
2023 - 11 - 02	河北丰润："科普大篷车"装载青少年科技梦想	中国新闻网河北
2023 - 11 - 03	唐山滦州：科技之光点亮校园生活	人民日报客户端
2023 - 12 - 26	唐山科普大篷车拓宽科普路径助力科技筑梦——唐山市科协全域科普改革试点典型案例	河北省科学技术协会
2023 - 12 - 26	河北省唐山科技馆科普大篷车走进曹妃甸区校园	全国流动科普设施服务平台——科普大篷车
2023 - 12 - 26	河北省唐山科技馆科普大篷车走进滦州市、丰润区校园	全国流动科普设施服务平台——科普大篷车
2023 - 12 - 27	河北省 2023 年全国科普日唐山科技馆科普大篷车走进丰润	全国流动科普设施服务平台——科普大篷车
2023 - 12 - 27	提升全民科学素质，助力科技自立自强——河北省 2023 年全国科普日唐山科技馆在行动	全国流动科普设施服务平台——科普大篷车

附录 2　唐山科技馆近年来主要科普活动

（一）科普展览

2021 年，我们迎来了中国共产党成立 100 周年，为了充分展现建党百年的辉煌历程，唐山科技馆在六楼临展区域举办了"庆建党百年·观科技变迁"科普教育展活动。

本次展览设立了农业科技、医疗科技、商业科技、工业科技、生活科技、兵器科技、教育科技等 7 大展区。通过此次展览观众可以直观了解 100 年来人们生活的科技变迁，激发爱党爱国情怀，感受科技的魅力，提升科学素养。

科普教育展

（二）重大赛事

2023 年 4 月 29 日至 5 月 1 日，第 37 届河北省青少年科技创新大赛在唐山科技馆举办。本届大赛由河北省科协、河北省教育厅主办，河北省科技馆、唐山市科协、唐山市教育局承办。省科协党组书记、常务副主席王海龙，中国青少年科技教育工作者协会监事长李晓亮，李四光纪念馆高级顾问及馆长特别助理、李四光外孙女邹宗平女士，唐山市委副书记张旭，省教育厅、省科技馆及唐山市科协、市教育局相关负责人等出席开幕式。

第 37 届河北省青少年科技创新大赛

（三）科普大篷车

为贯彻落实《全民科学素质行动规划纲要（2021—2035 年）》，加强青少年科学普及教育，充分发挥科普大篷车的流动科普宣传阵地作用，切实将"双减"政策在唐山市有效落实，唐山科技馆先后以"科创筑梦·助力双减""奋进新征程·起航科普梦""践行二十大·健康享未来"为 2023 年度巡展工作的主题，在全市范围内积极组织开展 2023 年唐山科普大篷车巡展活动。

全年活动自 2 月开始，截至 11 月，唐山科普大篷车开展了 31 次巡展工作、行驶 1800 余千米、受益 30 000 余人、为 20 所村镇小学捐赠科普教具 1300 套、媒体报道 10 次。此次科普大篷车活动积累了宝贵的科普工作经验。

一是积极做好科普大篷车申报工作。年初按中央、省科协下发的科普大篷车巡展工作通知要求，向县（市、区）及时下发了《唐山科技馆关于 2023 年度科普大篷车巡展活动的通知》，共有 13 个县（市、区）、39 家中小学申报。

二是做好大篷车巡展活动内容的更新工作。成立了由 10 人组成的科普大篷车巡展工作队，科技馆主要领导任队长。根据唐山市申报单位青少年的实际情况，在原活动内容的基础上，重新编排了更能引导青少年学科学、爱科

学的"疯狂科学实验秀"和"科普剧场"的表演舞台剧。同时又增加了仿生机器人舞蹈表演编队、无人机飞行表演编队和仿生机器狗编队，进一步增强了巡展活动的参观互动性和科技体验性。

三是加强了大篷车车载展品、科普剧场的维修、讲解和科普剧的培训。为了保证科普大篷车巡展工作的人力资源充足，多次组织全馆工作人员对科普大篷车展品维修及讲解进行了系统性的培训，确保巡展期间各项工作有序开展。

四是总结全年工作中的不足，不断完善巡展工作体系。2023 年，唐山科普大篷车在滦南县、开平区、迁西县、迁安市、乐亭县、古冶区、芦台经济开发区、曹妃甸区、滦州市、丰润区开展了为期 39 天的巡展活动，走进 31 所小学、行驶 1800 余千米、受益 30 000 余人。

4. "新形势下科技馆运营 · 发展的创新探索"主旨论坛

2023 年 9 月 25 日，由唐山市科协主办的东北亚创新论坛之科技馆馆长论坛在唐山文旅铂尔曼酒店举行。论坛由河北省科学技术馆馆长冯辉主持，中国科技新闻学会副理事长、北京科技教育促进会理事长、中国科普研究所原所长任福君，唐山市科协党组书记、主席李健侠出席论坛并致辞[①]。

论坛以"新形势下科技馆运营 · 发展的创新探索"为主题，旨在通过专题报告、交流研讨，共同探讨新形势下科技馆如何在教育领域发挥作用、实现创新发展等问题，来自国家、省市科技馆行业的众多资深专家齐聚一堂，共襄"科技馆未来的运营发展"论坛盛会。

在专题报告环节，山西省科学技术馆原党委书记、馆长路建宏，厦门科技馆副经理、高级工程师吴毅，宜兴市科技馆馆长严峻，唐山科技馆馆长毛兴军分别以"科技馆——科学教育的厚实平台""厦门科技馆企业化运营机制探讨""浅析科技馆运营管理模式的探索与实践""唐山科技馆简介及运营模式"为题做了主旨报告，重点介绍了目前国内部分科技馆的运营模式及新形势下科技馆运营发展的创新思路，对推动科技馆运营管理更加符合市场化发展需

---

① 原文链接：http://www.tskp.org.cn/17/8239.

求、助推科普事业高质量发展提供了重要参考。

据悉，此次论坛是 2023 年全国科普日唐山主场活动之一，唐山科技馆将以此次论坛为契机，加强与外地市科普场馆的交流与合作，促进科普教育资源流通，形成优势互补、互通效应，搭建起共享交流平台，共同促进科技馆事业繁荣发展。

科技馆馆长论坛现场

（五）2023年科普公开课

2023年度，唐山科技馆累计开展科学课程136次，累计上课人数1593人次。

1月，共开展课程9次，累计上课78人次。通过碳的产生、烟雾喷发、白醋灭火器、会变色的水等实验帮助同学了解物理基本知识，了解奇妙的化学世界。

2月，共开展课程17次，累计上课148人次。通过纸盒的重心、虹吸现象、潜水艇原理、马德堡半球实验等实验帮助同学了解物理基本知识，了解奇妙的化学世界。

3月，共开展课程13次，累计上课71人次。通过光的折射、美妙馨声、烧火瓶实验等实验帮助同学了解物理基本知识，了解奇妙的化学世界。

4月，共开展课程16次，累计上课167人次。通过光的折射、美妙馨声、烧火瓶实验等实验帮助同学了解物理基本知识，了解奇妙的化学世界

5月，共开展课程15次，累计上课139人次。通过潜水艇原理、物体形变、丁达尔效应、喷泉等实验帮助同学了解物理基本知识，了解奇妙的化

学世界。

6月，共开展课程10次，累计上课185人次。通过焰色反应、盐雾试验、法老之蛇等实验帮助同学了解物理基本知识，了解奇妙的化学世界。

7月，共开展课程15次，累计上课407人次。通过掉不下的纸盒、纸杯离心力、潜水艇、吸管取水等实验帮助同学了解物理基本知识，了解奇妙的化学世界。

8月，共开展课程15次，累计上课242人次。通过水油分离、伯努利定律、倒流烟、泡泡龙等实验帮助同学了解物理基本知识，了解奇妙的化学世界。

9月，共开展课程4次，累计上课51人次。通过拉不开的书、音叉共振、镜中世界、逆流而上等实验帮助同学了解物理基本知识，了解奇妙的化学世界。

10月，共开展课程6次，累计上课39人次。通过焰色反应、火山喷发、大象牙膏等实验帮助同学了解物理基本知识，了解奇妙的化学世界。

11月，共开展课程8次，累计上课44人次。通过模拟潜水艇、撑起杯中水、吸管取水等实验帮助同学了解物理基本知识，了解奇妙的化学世界。

12月，共开展课程8次，累计上课22人次。通过泡泡龙实验、神奇的变色实验、法老之蛇等实验帮助同学了解物理基本知识，了解奇妙的化学世界。

（六）2023年主要科普活动

6月1日，开展"六一儿童节·童心探奇"活动。通过在馆内研学和现场参与知识问答，孩子们在科技馆学到了更多的科学知识，加深了对国际儿童节的了解。

6月4日，唐山中地公司携手唐山市招商银行丰南支行走进唐山科技馆开展以"减塑捡塑"为主题的系列地学科普活动。激发青少年加入"减塑捡塑"活动，倡导大家积极参与到环境保护的行动中来，使保护环境落实到行动上，为"双碳"教育营造一个良好的氛围。

6月24日，开展"仰望浩瀚星空·筑梦星辰大海"端午节主题活动，此次研学活动让孩子们走进没有围墙的教室，在活动中学习航空航天相关知

识，在欢乐中苗壮成长。

8月8—10日，河北卫视《小小科学家》录制海选及拍摄。科技馆将与河北电视台合作录制《小小科学家》相关系列节目，招募6名同学配合节目录制。内容为展品讲解和科学实验解说及操作。

8月20日，开展"欢乐暑假·科普知识竞答"活动。正值暑假期间，此次活动提高了学生们对科学知识的学习兴趣，丰富了同学们的暑假生活。

8月24日，共青团唐山市委举办"石榴籽一家亲"主题夏令营，贯彻落实习近平总书记关于在教育"双减"中做好科学教育加法的重要指示精神，激发青少年的科学兴趣，培养创新精神和实践能力。时值"全国科普日"期间，举行以"提升全民科学素质·助力科技自立自强"为主题的专题科普活动。

9月23日，开展"提升全民科学素质·助力科技自立自强"活动。

10月1日、3日、5日，开展以"世界寂寥·我有整个宇宙想讲给你听"为主题的国庆节天文专题活动。本次科普活动包含天宫课堂观影会和天文科普课2个部分。"天宫课堂"第四课在中国空间站正式开讲，航天员在轨展示介绍中国空间站梦天实验舱工作生活场景，演示众多科学实验，并与地面课堂进行互动交流。天文科普课为同学们深入浅出地介绍天文相关知识，以及航空航天事业的发展轨迹和历程。该活动充分激发了广大市民对航空航天事业的支持和热爱。

12月3日，开展"畅阅未来·点燃科技梦想——唐山邮政＆唐山科技馆公益全民阅读嘉年华"活动。唐山邮政通过在唐山科技馆搭建"邮政快闪畅阅厅"的形式，向厅内活动家庭发起畅读邀请，参与活动家庭可通过现场游馆集戳的形式，完成打卡后，在最美有声图书墙展示科技馆专属有声明信片。

附录3　唐山科技馆（老馆）大事记

1983年

12月21日，在唐山市人民代表大会召开期间，唐山市科协副主席、唐山市人大常委会委员的王寿诚同志，提出规划建设唐山科技馆的建议，得到众

多代表的支持。

12月22日，唐山市人大会议期间，分管工业科技的市委副书记刘跃光同志，召集市财政局局长才宏礼、科协副主席王寿诚，研究科技馆规划和建设问题。刘跃光同志提出："科技馆建设资金问题，市财政解决一部分，大企业资助一部分。"

1984 年

3—10月，王寿诚同志在市委和市科协党组的支持下，用半年多的时间跑了27个改善较好的大中型企业，为科技馆征集资金。

10月8日，唐山科技馆一期工程资金征集仪式在唐山宾馆举行，市委常委、科教部长冯国安同志到会讲话，此次活动共征集到开滦矿务局、唐山机车车辆厂、唐山冶金矿山机械厂、启新水泥厂等大中企业的资助款52.5万元。

10月20日，唐山科技馆一期工程立项申请得到唐山市计划委员会的批准。

10月25日，市长杜静波同志批复唐山科技馆建设占用土地的报告，由张景成副市长召集市建设指挥部，市科协领导研究科技馆建设选址、占地问题。

11月3日，唐山市建设指挥部批准：唐山科技馆馆址，占地16 000平方米，位于市中心繁华地段的新华东道。

1985 年

1月5日，科技馆一期工程开始清理场地，将地震后所建的简易房拆除。

5月2日，市科协副主席王寿诚去北京看望唐山市科协名誉主席茹誉敫，并一起拜访唐山交大校友茅以升同志，请其为唐山科技馆题写馆名，茅以升同志欣然提笔。

5月5日，经唐山市机构编制委员会批准，唐山科技馆筹建处正式成立，为科级事业单位，编制5人。

5月20日，唐山科技馆一期工程开始施工。

1987 年

3月6日，唐山科技馆一期工程竣工。建筑面积3400平方米。

1993 年

6月，唐山市科协与交通银行唐山分行达成联合建设唐山科技馆二期工

程的协议。协议规定，市科协提供 10 400 平方米建筑用地，建设科技金融大厦，建筑总面积 15 000～18 000 平方米，由交通银行负责投资和施工，竣工后按总面积以 4∶6 的比例进行分配。

1994 年

11 月，唐山市政府批准市科协与交通银行联合建设科技金融大厦的报告。

1997 年

5 月，唐山科技馆二期工程破土动工。

1999 年

10 月，唐山科技馆二期主体工程竣工。

2000 年

2 月 21 日，全国人大常委会副委员长周光召同志为唐山科技馆题写馆名。

3 月 8 日，唐山科技馆整体运作方案（讨论稿）第一稿上报市科协领导审定。

4 月 2 日，唐山科技馆整体运作方案第二稿上报市科协领导审定。

4 月 11—12 日，科技馆筹备组组织市教委有关专家、教师共 8 人去天津科技馆、中国科技馆参观考察，并听取他们对唐山建馆方案的意见。

5 月 2—10 日，唐山科技馆举办"崇尚科学文明·反对封建愚昧"大型图片展览，共有 3 万余人参观。

5 月 5 日，市委书记白润章、市长张和到科技馆检查指导工作。

5 月 18 日，唐山科技馆整体运作方案第三稿上报市科协领导审定。

6 月 11 日，唐山科技馆展览内容设计方案第一稿完成，市科协主持召集有关专家论证。

7 月 22 日，唐山科技馆展览内容设计方案第二稿完成。

7 月 29 日，唐山科技馆展览内容设计方案第三稿完成。

8 月 31 日，唐山市科协主席郭志霞、副主席张维营、科技馆负责人到天津科技馆、中国科技馆考察调研。

9 月 1 日—10 月 31 日，唐山科技馆举办"智能机器人展览"。

9 月 10 日，唐山市科协主席郭志霞、原主席范文祥、科技馆负责人去山西科技馆参观考察。

10 月 3 日，唐山科技馆展览内容设计方案第四稿完成。

10月8日，唐山市科协向市委递交关于"将科技馆列入市政府2001年为群众所办的实事之一"的报告。

10月10—13日，唐山市科协原主席范文祥、副主席张维营、科技馆负责人等去沈阳科学宫参观考察。

10月17—25日，市科协主席郭志霞、副主席张维营、科技馆负责人去安徽、江苏、四川考察科技馆建设及布展情况。

11月21日，唐山科技馆展览内容设计方案第五稿及彩色图集完成。

12月3日，唐山科技馆向全国23家制作单位发出"唐山科技馆征询展品制作的函"。

2001 年

1月2日，唐山科技馆全国各地展品报价编制成册。

1月3日，唐山科技馆展品设计原理图集编制成册。

1月4日，唐山科技馆各展厅展品定位平面图完成。

1月5日，唐山市科协组织专家召开唐山科技馆展览方案论证会。

1月18日，唐山科技馆展品定位平面图第二稿完成。

2月17日，唐山市政府常务会研究决定，将唐山科技馆的布展和开馆列入市政府2001年为群众办的20件实事之一。

2月18日，唐山科技馆第一期"科技馆简讯"发刊。

2月20日，唐山科技馆展品研制招投标方案上报市科协。

2月28日，唐山市委组织部任命郑文忠同志为科技馆馆长。

2月28日，唐山市机构编制委员会下达撤销科技馆筹建处、正式挂唐山科技馆牌子的批复。

3月1—5日，打印成册下列文件：唐山科技馆展品设计制作技术要求、唐山科技馆展品验收标准、唐山科技馆招投标文件等。

3月10—12日，唐山科技馆展品研制招投标会议在唐山酒家召开，共有27个单位报价，16个单位参加投标，最后84件展品被13个单位中标。

5月4日，唐山市市长张和到科技馆检查布展进度。

5月20日，唐山科技馆展品配套装饰工程招投标文件起草完毕。

　　6月2日，唐山科技馆展品配套装饰工程招投标会议在唐山科技馆会议室召开，此次招投标活动共有13个单位报名，经资质审核后，筛选二级资质以上的装饰公司参加投标，最后2家中标。

　　6月4—8日，两次邀请中央美院教授到唐山科技馆指导环境及灯光效果。

　　6月20日，唐山科技馆中央空调安装完毕。

　　6月30日，装饰公司进馆工作。

　　7月20日，唐山市委副书记姬振海同志到科技馆检查指导工作。

REFERENCES

参考文献

［1］莫扬，苗苗 . 从传播学视角探讨科技馆传播观念［J］. 科普研究，2007（2）：19-23.

［2］朱效民 . 试论科学家科普角色的转变及其评估［J］. 自然辩证法研究，2006（12）：13-15.

［3］中华人民共和国建设部，中华人民共和国国家发展和改革委员会 . 科学技术馆建设标准（建标 101—2007）［S］. 北京：中华人民共和国建设部，2007.

［4］FRIEDMAN A J. The evolution of the science museum［J］. Physics today，2010，63（10）：45-51.

［5］隋家忠 . 科技馆专业人员培训教程［M］. 青岛：中国海洋大学出版社，2013.

［6］OPPENHEIMER F. The exploratorium：a playful museum combines perception and art in science education［J］. American journal of physics，1972，40（7）：978-984.

［7］中华人民共和国科学技术部 . 中国科普统计 2023 年版［M］. 北京：科学技术文献出版社，2024.

［8］程东红，任福君，李正风，等 . 中国现代科技馆体系研究［M］. 北京：中国科学技术出版社，2014.

［9］马宇罡，莫小丹，苑楠，等 . 中国特色现代科技馆体系建设：历史、现状、未来［J］. 科技导报，2021，39（10）：34-47.

［10］中国科学技术协会，中共中央宣传部，中华人民共和国财政部．关于全国科技馆免费开放的通知（科协发普字［2015］20号）［EB/OL］．（2015-03-04）［2024-10-30］. http://jkw.mof.gov.cn/zhengcefabu/201506/t20150624_1260367.htm.

［11］任福君．科技馆免费开放评估的总体思考［J］.今日科苑，2020（9）：15-24.

［12］国务院．国务院关于印发全民科学素质行动规划纲要（2021—2035年）的通知［EB/OL］.（2021-06-25）［2023-06-18］. https：//www.gov.cn/zhengce/content/2021-06/25/content_5620813.htm?ivk_sa=1023197a.

［13］任鹏，贺茂斌，刘广斌．科技馆免费开放的实践探索［M］.北京：中国科学技术出版社，2024.

［14］危怀安，程杨，吴秋凤．国外科技馆免费开放的实践探索及启示［J］.科技管理研究，2023（21）：150-163.

［15］文素婷，程杨．科技馆免费开放对我国科技馆事业的影响［J］.科技管理研究，2014（3）：193-196.

［16］武育芝，张红红，张丹，等．国外科技馆免费开放经验借鉴与启示［J］.中国管理信息化，2019，22（16）：198-200.

［17］黄卉．探索新形势下做好科技馆免费开放工作的基本规律［J］.学会，2017（2）：61-64.

［18］廖红，温超．2019年全国免费开放科技馆基本情况调查分析［J］.自然科学博物馆研究，2020（2）：42-50.

［19］任福君，高洁，许哲平，等．公众的科普偏好及影响因素：基于免费开放科技馆的多源数据统计分析［J］.科技导报，2021，39（22）：39-44.

［20］黄曼，聂卓，危怀安．免费开放的科技馆观众满意度测评指标体系研究：基于7座科技馆的实证分析［J］.现代情报，2014（7）：22-26.

［21］应桢．基于免费开放的科技馆绩效评价体系初探［J］.新商务周刊，2018（12）：77-79.

［22］张楠楠，高杨帆．基于免费开放的科技馆绩效评价体系初探［J］.科技传播，2016（6）：65-67.

［23］任福君.科技馆免费开放评估指标体系研究［J］.今日科苑，2020（10）：12－24.

［24］齐欣.免费开放下科技馆发展研究［J］.科普研究，2016（4）：39－44.

［25］夏婷，王宏伟，罗晖.我国科技馆免费开放政策：现状、问题与建议［J］.今日科苑，2018（8）：16－22.

［26］任鹏.加强科技馆免费开放宣传的几点思考［J］.今日科苑，2022（2）：25－31.

［27］吴成涛.浅析免费政策给科技馆运营管理带来的影响［J］.广东科技，2011，20（18）：53－54.

［28］权子杰.九号宇宙科技馆运营模式优化研究［D］.杨凌：西北农林科技大学，2023.

［29］梁春花.关于科技馆可持续发展的几点思考：以广西科技馆为例［J］.科普研究，2010，5（2）：66－71.

［30］张宝兆.宝安科技馆的运营与发展对策研究［D］.合肥：合肥工业大学，2006.

［31］金婷婷.城市文化综合体模式研究［D］.武汉：华中科技大学，2008.

［32］江翠.四川科技馆的运营模式研究［D］.成都：西南财经大学，2011.

［33］张璐.贵州科技馆员工绩效考核体系设计［D］.天津：天津大学，2010.

［34］章梅芳，陈笑钰，岳丽媛，等.中国科技类博物馆运行机制探索：基于我国科技类博物馆发展基本情况调查的结果分析［J］.科普研究，2022，17（1）：33－41，51，101.

［35］吴海玲.浅析科技馆的运营管理［J］.科技传播，2018，10（3）：169－170.

［36］郭定平，黄河.科技馆企业化运行管理的探索与实践［C］//中国自然科学博物馆协会.中国自然科学博物馆协会科技馆专业委员会学术年会论文

集.南宁：广西科技馆，2011：189-191.

［37］王明，郑念.基于行动者网络分析的科普产业发展要素研究：对全国首家民营科技馆的个案分析［J］.科普研究，2018，13（1）：41-47，106.

［38］曹政.亦庄启动建设国内首个"科技馆之城"智造一线开科技讲堂［N］.北京日报，2021-05-13（9）.

［39］莫小丹，马宇罡.构建现代科技馆体系社会化协同机制的思考［J］.科普研究，2023，18（1）：42-50，107.

［40］许以则.浅论科技博物馆运营机制的创新［J］.科技通报，2013，29（10）：232-235.

［41］李潇.美术馆作为公共文化空间的内涵与实践探析［J］.山东艺术，2023（6）：50-62.

［42］南通市公共资源交易平台.南通国邦科技发展有限公司采购海门科技馆第三方运营项目公开招标公告［EB/OL］.（2024-09-06）［2024-10-11］.https：//ggzyjy.nantong.gov.cn/jyxx/003009/003009001/20240906/bfeaa9e7-882b-40d0-b984-3c0424a9893f.html.

［43］科创中国.实干在一线｜"事业+市场"！市科技馆转变机制"激活力"［EB/OL］.（2023-02-17）［2024-10-11］.https：//www.kczg.org.cn/rules/detail?id=6229306.

［44］通信世界.6.5亿新基建项目！日海智能全力打造泉州市科技馆新馆［EB/OL］.（2020-04-09）［2024-10-11］.https：//new.qq.com/rain/a/20200409A0ME2X00.

［45］澎湃.北京科学中心奉献一场科普盛宴［EB/OL］.（2021-09-17）［2024-07-16］.https：//www.thepaper.cn/newsDetail_forward_14545401.

［46］中华网."逐梦星辰 探索宇宙"2024紫竹院学区首届科技节正式启动［EB/OL］.（2024-06-07）［2024-07-16］.https：//hea.china.com/article/20240607/062024_1531679.html.

［47］中国日报.科学时光趴北京科学嘉年华特别活动在北京科学中心举办［EB/OL］.（2023-09-18）［2024-07-16］.https：//cn.chinadaily.com.cn/a/202309/18/WS6507f3f3a310936092f22409.html.

［48］张晓肖.馆校合作，搭建学生志愿服务平台：以山西省科学技术馆中小学生志愿者队伍建设为例［C］//中国科普研究所.馆校结合助推"双减"工作：第十四届馆校结合科学教育论坛论文集.太原：山西省科学技术馆，2022：7.

［49］闫亚婷.山西省现代科技馆体系建设发展现状及思考：以山西省科学技术馆为例［J］.科技资讯，2023，21（8）：227-230.

［50］山西省科学技术馆.我馆"馆校合作基地校"授牌仪式在太原四十八中举行［EB/OL］.（2021-03-25）［2024-07-16］.http：//www.sxstm.cn/zjwm/gnyw/xwdt/art/2023/art_4ad5baa39b3944e387e6815a87efb902.html.

［51］山西财经大学.马克思主义学院与山西省科学技术馆签署"大思政课"实践教学基地合作协议［EB/OL］.（2023-12-08）［2024-07-16］.https：//mkszy.sxufe.edu.cn/info/1087/8791.htm?yikikata=af9a1937-768ba0ec26cedefc94ba7c60ee5891d8.

［52］山西省科学技术馆.山西省科学技术馆与山西广播电视台经济与科技频道进行节目开发、制作宣传合作洽谈［EB/OL］.（2021-08-20）［2024-07-16］.http：//www.sxstm.cn/zjwm/gnyw/xwdt/art/2023/art_ad7d1be50ab04eabbc2101d0b997fd9d.html.

［53］晋城市人民政府.我省教学活动案例入选"一带一路"虚拟科学中心线上平台［EB/OL］.（2020-08-13）［2024-07-16］.https：//www.jcgov.gov.cn/dtxx/sxyw/202008/t20200813_960632.shtml.

［54］金旭佳，吕海军，宋泓儒.科技馆与高校科普互补合作的新模式：以黑龙江省科学技术馆和哈尔滨工程大学开展的活动为例进行分析［C］//中国科普研究所.科学教育新征程下的馆校合作：第十三届馆校结合科学教育论坛论文集.哈尔滨工程大学，2021：11.

［55］中华人民共和国科学技术部.第七届黑龙江省科学实验展演大赛在省科技馆成功举办［EB/OL］.（2023-09-19）［2024-07-16］.https：//www.most.gov.cn/dfkj/hlj/zxdt/202309/t20230919_188079.html.

［56］人民资讯.春节期间 黑龙江省科学技术馆将开展七大科普主题活动

〔EB/OL〕.（2024－02－05）〔2024－07－16〕. https：//baijiahao.baidu.com/s?id=1790024040695623714&wfr=spider&for=pc.

〔57〕澎湃.全国青年科普创新实验暨作品大赛黑龙江赛区复赛成功举办〔EB/OL〕.（2024－05－28）〔2024－07－16〕. https：//www.thepaper.cn/newsDetail_forward_27532417.